NINGXIA PEIDIANWANG GUIHUA SHEJI
BIAOZHUNHUA GONGZUO SHOUCE

宁夏配电网规划设计标准化工作手册

国网宁夏电力有限公司 编

黄河出版传媒集团
阳光出版社

图书在版编目(CIP)数据

宁夏配电网规划设计标准化工作手册 / 国网宁夏电力有限公司编. -- 银川 : 阳光出版社,2023.5
ISBN 978-7-5525-6811-0

Ⅰ.①宁… Ⅱ.①国… Ⅲ.①配电系统－电力系统规划－宁夏－手册 Ⅳ.①TM715-62

中国国家版本馆CIP数据核字(2023)第083355号

宁夏配电网规划设计标准化工作手册　　国网宁夏电力有限公司　编

责任编辑　申　佳
封面设计　赵　倩
责任印制　岳建宁

黄河出版传媒集团 阳光出版社 出版发行

出 版 人　薛文斌
地　　址　宁夏银川市北京东路139号出版大厦（750001）
网　　址　http://www.ygchbs.com
网上书店　http://shop129132959.taobao.com
电子信箱　yangguangchubanshe@163.com
邮购电话　0951-5047283
经　　销　全国新华书店
印刷装订　宁夏凤鸣彩印广告有限公司
印刷委托书号　(宁)0026387

开　　本　720 mm×980 mm　1/16
印　　张　11.25
字　　数　200千字
版　　次　2023年5月第1版
印　　次　2023年5月第1次印刷
书　　号　ISBN 978-7-5525-6811-0
定　　价　42.00元

《宁夏配电网规划设计标准化工作手册》

编委会

前　言

习近平总书记在中央财经委员会第九次会议上强调，要把“碳达峰、碳中和”纳入生态文明建设整体布局，提出构建以新能源为主体的新型电力系统，对能源清洁低碳转型和能源互联网建设提出了更高、更紧迫的要求。配电网作为连接能源生产和消费、输送和转换的枢纽，处于能源互联建设的重要环节，需要充分发挥基础和核心作用。

随着宁夏经济社会的持续发展、能源消费的逐步转型，配电网规模迅速扩大，用户对供电可靠性、电压质量等需求日益提高。为进一步加强规划引领作用，持续推动配电网高质量发展，国网宁夏电力有限公司组织专业人员，紧密结合国情、区情，全面总结宁夏配电网规划设计工作经验，兼顾运行、维护等业务环节，对比、对接国内发达城市配电网建设指标、标准，编制完成适用于宁夏全域的《宁夏配电网规划设计标准化工作手册》。

本手册依据相关技术标准要求，紧扣供电可靠性，贯彻电网本质安全、资产全寿命周期管理等先进理念，结合宁夏地域特点、社会经济发展，以及供电可靠性要求、用电需求水平、配电网建设条件等因素，从配电网规划设计工作实际情况出发，遵循本地化、差异化、精益化配电网规划理念，强化配电网规划引领作用，推动宁夏配电网高质量发展。

本手册在编写过程中，得到了国网宁夏电力有限公司相关单位、国网宁夏电力有限公司经济技术研究院及天津平云电力科技有限公司大力支持，在此一并表示衷心感谢。

限于作者水平，虽然对书稿进行了反复推敲，但难免存在疏漏与不足，恳请读者批评指正。

目　录

1 概述

本章主要介绍配电网的一般定义，分析配电网规划设计的重要性，阐述配电网规划设计的原则和方法，介绍配电网规划设计的任务、内容、流程和相关资料。

1.1 配电网概述

配电网是指从电源侧(输电网、发电设施、分布式电源等)接受电能，并通过配电设施就地或逐级分配给各类用户的电力网络，对应电压等级一般为 110 kV 及以下。其中，110~35 kV 电网为高压配电网，10 kV 电网为中压配电网，220/380 V 电网为低压配电网。

配电网包括一次设备和二次设备。一次设备直接配送电能，主要包括变压器、开关设备、架空线路、电力电缆等；二次设备对配电网进行测量、保护与控制，主要包括继电保护装置、安全自动装置、计量装置、配电自动化终端、相关通信设备等。

1.2 配电网规划设计的重要性

配电网规划是电网规划的重要组成部分，是指导配电网发展的纲领性文件，是配电网建设、改造的依据。开展配电网规划设计，制订科学合理的规划方案，对提高配电网供电能力、供电可靠性和供电质量，满足负荷增长，适应电源及用户灵活接入，实现系统经济高效运行，切实提升配电网发展质量和效益具有重要意义。配电网是联系能源生产和消费的关键枢纽，是贯彻落实国家“碳达峰、碳中和”目标的关键环节，也是国家构建以新能源为主体的新型电力系统的重要载体。为助力自治区九大产业高质量发展，持续巩固拓展脱贫攻坚成果，服务乡村振兴战略，满足屋顶分布式光伏、储能、电动汽车等多元化负荷大量接入，配电网发展面临形势严峻、要求更高，在满足传统用电需求的前提下，需要推动配电网形态升级，这将对配电网规划提出了更高的要求，迫切需要提高配电网规划设计人员的业务水平和综合能力，运用全新的规划理念、工具和方法，充分发挥规划的统筹引领作用，提高规划精益化、标准化水平，促进配电网高质量发展。

1.3 配电网规划设计的基本规定和基本方法

1.3.1 配电网规划设计的基本规定

①坚强智能的配电网是能源互联网基础平台、智慧能源系统核心枢纽的重要组成部分，应安全可靠、经济高效、公平便捷地服务电力客户，并促进分布式可调节资源多类聚合，电、气、冷、热多能互补，实现区域能源管理多级协同，提高能源利用效率，降低社会用能成本，优化电力营商环境，推动能源转型升级。

②配电网应具有科学的网架结构、必备的容量裕度、适当的转供能力、合理的装备水平和必要的数字化、自动化、智能化水平，以提高供电保障能力、应急处置能力、资源配置能力。

③配电网规划应坚持各级电网协调发展，将配电网作为一个整体系统，满足各组成部分间的协调配合、空间上的优化布局和时间上的合理过渡。各电压等级变电容量应与用电负荷、电源装机和上下级变电容量相匹配，各电压等级电网应具有一定的负荷转移能力，并与上下级电网协调配合、相互支援。

④配电网规划应坚持以效益效率为导向，在保障安全质量的前提下，处理好投入和产出的关系、投资能力和需求的关系，应综合考虑供电可靠性、电压合格率等技术指标与设备利用效率、项目投资收益等经济性指标，优先挖掘存量资产作用，科学制订规划方案，合理确定建设规模，优化项目建设时序。

⑤配电网规划应遵循资产全寿命周期成本最优的原则，分析由投资成本、运行成本、检修维护成本、故障成本和退役处置成本等组成的资产全寿命周期成本，

对多个方案进行比选，实现电网资产在规划设计、建设改造、运维检修等全过程的整体成本最优。

⑥配电网规划应遵循差异化规划原则，根据各省各地和不同类型供电区域的经济社会发展阶段、实际需求和承受能力，差异化制定规划目标、技术原则和建设标准，合理满足区域发展、各类用户用电需求和多元主体灵活便捷接入。

⑦配电网规划应全面推行网格化规划方法，结合国土空间规划、供电范围、负荷特性、用户需求等特点，合理划分供电分区、网格和单元，细致开展负荷预测，统筹变电站出线间隔和廊道资源，科学制定目标网架及过渡方案，实现现状电网到目标网架平稳过渡。

⑧配电网规划应面向智慧化发展方向，加大智能终端部署和配电通信网建设，加快推广应用先进信息网络技术、控制技术，推动电网一次、二次和信息系统融合发展，提升配电网互联互济能力和智能互动能力，有效支撑分布式能源开发利用和各种用能设施“即插即用”，实现“源网荷储”协调互动，保障个性化、综合化、智能化服务需求，促进能源新业务、新业态、新模式发展。

⑨配电网规划应加强计算分析，采用适用的评估方法和辅助决策手段开展技术经济分析，适应配电网由无源网络到有源网络的形态变化，促进精益化管理水平的提升。

⑩配电网规划应与政府规划相衔接，按行政区划和政府要求开展电力设施空间布局规划，规划成果纳入地方国土空间规划，推动变电站、开关站、环网室（箱）、配电室站点，以及线路走廊用地、电缆通道合理预留。

1.3.2 配电网规划设计的基本方法

配电网规划设计要对一个地区配电网发展的全局性问题进行宏观指导，方法上着重于综合分析，结论主要体现对配电网技术原则、建设规模、发展重点、电网投资等宏观判断。在重大原则明确的前提下，配电网规划设计还要研究规划水平年的目标网架和逐年过渡网架，研究具体建设项目的建设规模、建设时序、电网拓扑以及与其他项目的协调一致，通常可借助成熟的软件进行量化计算和综合分析。

配电网规划的主要方法如下。

(1)基本条件分析

配电网发展的基本条件是满足电力负荷需求，分析内容包括电力负荷增长、空间负荷分布和负荷特性分析三个部分。

电力负荷增长直接反映国民经济发展和居民生产生活的用电需要,侧重于对电量、负荷总量和增速分析。根据规划期内各阶段的负荷需求,即可确定配电网各电压等级的变配电容量需求及发展速度,为方案制定提供依据。

空间负荷分布是指电力负荷在不同地块上的分布数量与发展时序。空间负荷分布的研究需要借助城乡总体规划、土地利用总体规划、控制性详细规划、修建性详细规划中的地块信息,包括用地性质、建筑面积、容积率等,研究结果为变配电设施的选址、选线和定容提供参考。

负荷特性分析主要研究多样化的负荷组合后,随温度、季节等条件变化的用电规律(如取暖、空调、农村季节性用电负荷等),为确定配电网最大负荷、容量需求、网架结构、设备选择、运行方式等提供参考。

(2)基本功能分析

在基本条件分析的基础上,配电网规划应针对供电区域划分、电压等级序列选择、变电站供电范围划分等基本功能进行分析。

供电区域划分应主要考虑负荷密度、用户可靠性需求等因素,并与行政区划结合,尽量避免划分造成经济社会、电网设备等相关数据的统计困难。

电压等级序列选择应遵照《标准电压》GB/T 156—2017 的规定,简化变压层级,避免重复降压,并满足供电能力、供电半径和电能质量的需求。

变电站供电范围划分应确保每一个变电站都要有明确的供电范围和合理的供电半径。规划新增变电站时,需重新梳理已有变电站的供电范围,考虑电压质量等约束,合理分配变电站所带负荷。

(3)基本形态分析

基本形态分析的目的是确定配电网的电网结构与变电站接入方式。高压配电网结构主要有链式、环网和辐射状结构,变电站接入方式主要有 T 接和 π 接;中压配电网结构主要有双环式、单环式、多分段适度联络和辐射状结构；低压配电网宜采用辐射状结构。

(4)技术经济分析

技术经济分析用于优选配电网规划设计方案，论证投资合理性，检验规划成效。在规划中，通常采用潮流计算、短路电流计算、可靠性计算、财务评价等技术经济分析手段，计算分析“N-1”通过率、电压偏差、短路电流水平、户均停电时间、年费用、内部收益率、投资回收期等主要技术经济指标，对规划方案的技术经济特性进行全面综合评价，提出最佳方案。

1.4 配电网规划设计的任务和内容

1.4.1 配电网规划设计的任务

配电网规划要全面落实国家和自治区经济社会发展战略要求，深入分析配电网现状、存在问题及面临的风险形势，研究提出配电网发展的指导思想、发展目标、技术原则、重点任务及保障措施，指导配电网建设和改造。一方面要以经济社会发展为基础，分析配电网发展需求，合理确定总体发展速度、建设和投资规模；另一方面要根据存在的具体问题和负荷需求，研究制定目标网架结构、站点布局、用户和电源接入方案等，明确工程项目以及建设时序和投资。

配电网规划年限应与国民经济和社会发展规划的年限保持一致，与城乡发展规划、输电网规划等相衔接，规划期一般为 5 年，主要分析现状及问题，明确发展目标，开展专题研究，制订规划方案，提出 5 年内 110~35 kV 电网项目和 3 年内 10 kV 及以下电网项目。远期规划可展望至 10~15 年，确定配电网中长期发展方向，编制远景年的目标网架及过渡方案，提出上级电源建设、电力设施布局等方面相关建议。为更好地适应各类变化情况，配电网规划设计应建立逐年评估和滚动调整机制，根据需要及时研究并调整规划方案，保证规划的科学性、合理性和适应性。

1.4.2 配电网规划设计的内容及流程

配电网规划设计主要内容如下。

①现状诊断分析。逐站、逐变、逐线分析与总量分析、全电压等级协调发展分析相结合，深入剖析配电网现状，从供电能力、供电质量、网架结构、装备水平、运行效率、智能化等方面，诊断配电网存在的主要问题及原因，结合地区经济社会发展要求，分析面临的形势。

②电力需求预测。结合历史用电情况，预测规划期内电量与负荷的发展水平，分析用电负荷的构成及特性，根据电源、大用户规划和接入方案，提出分电压等级网供负荷需求，具备控制性详规的地区应进行饱和负荷预测和空间负荷预测，进一步掌握用户及负荷的分布情况和发展需求。

③供电区域划分。主要依据饱和负荷密度、用户重要程度，也可参考行政级别、经济发达程度、城市功能定位、用电水平、GDP等因素，合理划分配电网供电区域，分别确定各类供电区域的配电网发展目标以及相应的规划技术原则和建设标准。

④发展目标确定。结合地区经济社会发展需求，提出配电网供电可靠性、电能质量目标网架和装备水平等规划水平年发展目标和阶段性目标。

⑤变配电容量估算。根据负荷需求预测以及考虑各类电源参与的电力平衡分析结果，依据容载比、负载率等相关技术原则要求，确定规划期内各电压等级变电、配电容量需求。

⑥网架方案制定。制定各电压等级目标网架及过渡方案，科学合理布点、布线，优化各类变配电设施的空间布局，明确站址、线路通道等建设资源需求。

⑦用户和电源接入。根据不同电力用户和电源的可靠性需求，结合目标网架，提出接入方案，包括接入电压等级、接入位置等；对于分布式电源、电动汽车充换电设施、电气化铁路等特殊电力用户，开展谐波分析、短路计算等必要的专题论证。

⑧电气计算分析。开展潮流、短路、可靠性、电压质量、无功平衡等电气计算，分析校验规划方案的合理性，确保方案满足电压质量、安全运行、供电可靠性等技术要求。

⑨二次系统与智能化规划。提出与一次系统相适应的通信网络、配电自动化、继电保护等二次系统相关技术方案；分析分布式电源及多元化负荷高渗透率接入的影响，推广应用先进传感器、自动控制、信息通信、电力电子等新技术、新设备、

新工艺，提升智能化水平。

⑩投资估算。根据配电网建设与改造规模，结合典型工程造价水平，估算确定投资需求以及资金筹措方案。

⑪技术经济分析。综合考虑企业投资能力、电价水平、售电量等因素，计算规划方案的各项技术经济指标，估算规划产生的经济效益和社会效益，分析投入产出和规划成效。

配电网规划设计流程如下图所示：

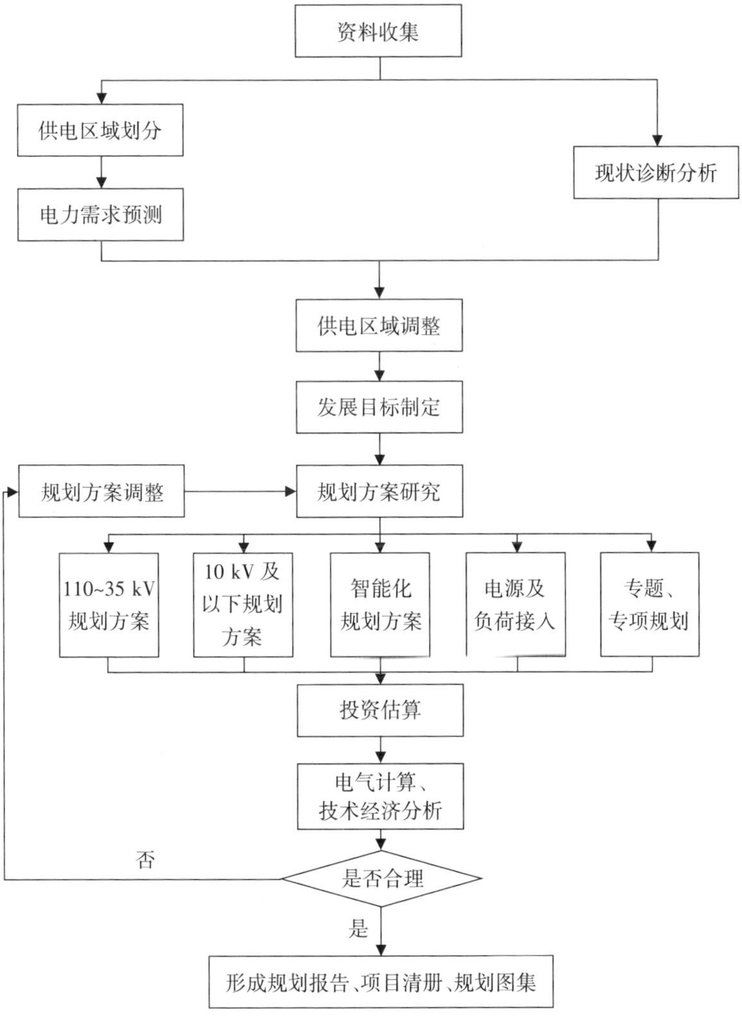

图 1-1　配电网规划设计流程示意图

配电网规划设计成果体系应包括规划报告、现状电网和规划电网图集、各电压等级规划项目清册等。

1.5 资料收集和整理

配电网发展规模和速度与国民经济、用电需求密切相关，做好配电网规划首先应做好调查研究和资料收集。收集内容既应包括电网、发电设施、多元化负荷、电力管廊的现状及规划等电力系统相关的资料，又应包括城乡总体规划、土地利用规划、城乡建设规划等社会经济相关的资料。

1.5.1 资料收集内容

(1)经济社会资料

最近连续5年以上经济社会发展的有关数据，应包括但不限于以下内容。

①经济发展现状及发展规划：国内生产总值及年增长率、三大产业增加值及年增长率、产业结构等，自治区重点行业发展规划及主要规划项目，城乡居民人均可支配收入，行业布局等资料。

②城乡总体规划及控制性详细规划：各个地块用地性质、用地面积、容积率等资料。

③人口现状及发展规划：人口数及户数、城乡人口结构、城镇化率。

④国家重要政策资料（如限制高耗能政策等）及国内外参考地区的上述类似历史资料。

⑤地区气象、水文实况资料等影响季节性负荷需求的相关数据。

⑥其他地区及国家的有关资料：重点行业（部门）的产品（产值）单位电耗、人均 GDP、产业结构比例等。

(2)电源资料

电源现状及规划资料，应包括但不限于以下内容。

①电源类型（含分布式电源）、台数及容量、接入电压等级、接入点情况、机组参数等基础信息。

②机组出力、发电量等运行信息。

（3）电网设备资料

规划基准年的电网设备的台账信息、资产属性、健康水平、运行年限等相关数据，应包括但不限于以下内容。

①变电站资料主要包括变电站名称、电压等级、主变压器台数、容量等。

②配电变压器资料主要包括配电变压器台数、容量、型号、安装地点及安装方式等。

③高压配电线路资料主要包括线路起止点、线路走向、型号、截面、长度、敷设方式等。

④中压配电线路资料主要包括线路起止点、线路走向、型号、截面、长度、敷设方式、配电自动化配置等。

⑤低压配电线路资料主要包括线路起止点、线路走向、型号、长度、供电制式等。

⑥开关设备资料主要包括电压等级、类型、开断容量等。

⑦配电站室（配电室、开关站、环网单元等）主要资料包括位置、上级电源、进出线规模等。

⑧无功补偿设备资料主要包括设备属性、补偿容量、安装地点及安装方式等。

（4）电网运行资料

规划基准年的电网运行信息，应包括但不限于以下内容。

①负荷电量信息，包括供电区（省、市、县）时序负荷（8760h 整点数据）及电量，变电站、变压器（主变压器、配电变压器）、配电室、线路等时序负荷及电量。

②供电质量信息，包括电压质量数据、可靠性数据。

③线损信息。

（5）电力用户资料

电力用户现状及规划资料，应包括但不限于以下内容。

①现状电力用户资料，包括电力用户重要等级、接入电压等级、接入容量、年用电负荷和电量、安装地点等。

②规划电力用户资料，包括电力用户重要等级、用电性质、接入容量、年用电负荷和电量、投产年限、产品产量、用电单耗、安装地点等。

③针对高耗能和高污染等用户，还需包括政策支持性文件。

④针对电动汽车、储能、煤改电、分布式电源等多元化负荷，还需包括政策性支持性文件、产业发展规划、充换电设施布局规划、技术发展趋势等资料。

1.5.2 资料收集来源

主要来源一般有以下途径：

①地区经济社会类资料主要来自于政府正式发布的统计年鉴、地区城乡发展总体规划(用地规划、产业布局规划、控制性详细规划、修建性详细规划等)。

②电源资料从统计数据和政府能源规划获取。

③电网设备信息资料从电网企业的生产管理系统中获取。

④电网运行信息资料从电网企业的调度系统、配电自动化系统、营销系统中获取。

⑤电力用户相关资料从电网企业的营销系统中获取。

为了保证数据的准确性、一致性、及时性，电网设备和运行资料应优先通过信息系统自动获取，其他资料应采用政府、研究机构等公开出版物正式发表或通过官方网站等渠道正式公布的数据。

1.5.3 基础资料整理

资料的来源、统计计算口径和调查方法等不同，都会对资料的可信度产生不同程度的影响，资料的收集工作应注重直接相关性、可靠性和时效性。同时，对调查搜集到的原始资料，要按照以下原则进行认真甄别和整理：

①资料的补缺推算。如果中间某一项的资料空缺，则可利用相邻两边资料取平均值近似代替；如果开头或末尾某一项空缺，则可利用比例趋势法计算代替。

②资料的核准修正。对不可靠资料要加以核实；对能查明原因的异常值可用适当的方法加以修正；对原因不明而又没有可靠修正根据的资料应剔除。

③资料的统一。保证分析数据的口径、单位一致，在范围、时间上有可比性。

1.6 规划依据

1.6.1 国家标准

GB 50052—2009《供配电系统设计规范》

GB 50613—2010《城市配电网规划设计规范》

GB/T 50293—2014《城市电力规划规范》

GB/T 156—2017《标准电压》

GB/T 12325—2008《电能质量 供电电压偏差》

GB/Z 29328—2018《重要电力用户供电电源及自备应急电源配置技术规范》

GB 38755—2019《电力系统安全稳定导则》

1.6.2 行业标准

DL/T 5729—2016《配电网规划设计技术导则》

DL/T 599—2016《中低压配电网改造技术导则》

DL/T 5131—2015《农村电网建设与改造技术导则》

DL/T 5118—2010《农村电力网规划设计导则》

DL/T 499—2001《农村低压电力技术规程》

DL/T 1406—2015《配电自动化技术导则》

DL/T 5709—2014《配电自动化规划设计导则》

DL/T 390—2016《县域配电自动化技术导则》

NB/T 32015—2013《分布式电源接入配电网技术规定》

1.6.3 企业标准

Q/GDW 10738—2020《配电网规划设计技术导则》

Q/GDW 10865—2017《国家电网公司配电网规划内容深度规定》

Q/GDW 10742—2016《配电网施工检修工艺规范》

Q/GDW 11433—2015《配电网发展水平综合评价导则》

Q/GDW 1463—2014《非晶合金铁心配电变压器选用导则》

Q/GDW 1625—2011《配电自动化建设与改造标准化设计技术规定》

Q/GDW 1480—2015《分布式电源接入电网技术规定》

Q/GDW 1807—2012《终端通信接入网工程典型设计规范》

Q/GDW 1916—2013《电力通信工程专业管理规程》

Q/GDW 1382—2013《配电自动化技术导则》

Q/GDW 1617—2015《光伏电站接入电网技术规定》

Q/GDW 11147—2017《分布式电源接入配电网设计规范》

Q/GDW 10666—2016《分布式电源接入配电网测试技术规范》

Q/GDW 10667—2016《分布式电源接入配电网运行控制规范》

Q/GDW 11149—2017《分布式电源接入配电网经济评估导则》

2 地区经济社会发展

电网发展与地区经济社会发展息息相关，是经济社会发展的基础，因此加快建设一流现代化配电网必须与地区经济社会发展紧密衔接起来。

2.1 地区简介

地区简介主要包括规划区域地理位置、土地面积、气候特点、交通条件、资源禀赋、产业特点等内容，相关资料主要来自于政府门户网站、统计年鉴等。

2.2 地区经济社会发展概述

地区经济社会发展主要通过近几年GDP（国内生产总值）、产业结构、人均GDP以及城镇化率等指标的变化情况，了解地区经济社会发展的历史水平，分析规划地区的电力需求。

地区经济社会发展相关资料及资料来源详见第一章1.5节经济社会资料。

2.3 经济社会发展规划

本节所述的经济社会发展规划主要是指地区城乡总体规划、土地利用规划等市政规划，配电网规划作为市政规划的重要组成部分，必须与市政规划密切配合、同步实施。

①市政规划要求电网与之相匹配，而配电网规划需要市政规划预留好变配电设施、供配电线路建设的用地及廊道，两者互为基础又相互服务。配电网规划服务

于市政建设,必须要具备适应性与可操作性。

②地区市政规划根据国家城镇化发展规划,研究地区自然条件、现状特点、历史沿革等条件,合理确定用地性质、规模和布局,参照市政规划中功能区块划分、重点产业布局以及地区发展需求,分析配电网发展方向。

③市政规划将用地性质分为商业用地、居住用地及行政办公用地等类型,用地规划是预测电力负荷的重要依据。

3 配电网规划区域划分

本章主要介绍供电区域、供电分区、供电单元、供电网格的划分原则以及规划流程等内容,供规划设计人员参考。

3.1 供电区域划分

供电区域划分是配电网差异化规划的重要基础，用于确定区域内配电网规划建设标准,主要依据饱和负荷密度,也可参考行政级别、经济发达程度、城市功能定位、用户重要程度、用电水平、GDP等因素确定,如表3-1所示,并符合下列规定:

①供电区域面积不宜小于5 km^2。

②计算饱和负荷密度时,应扣除110 kV及以上专线负荷,以及高山、戈壁、荒漠、水域、森林等无效供电面积。

③表3-1中主要分布地区一栏作为参考,实际划分时应综合考虑其他因素。

表3-1 供电区域划分表

供电区域	A+	A	B	C	D	E
饱和负荷密度/($MW \cdot km^{-2}$)	$\sigma \geq 30$	$15 \leq \sigma < 30$	$6 \leq \sigma < 15$	$1 \leq \sigma < 6$	$0.1 \leq \sigma < 1$	$\sigma < 0.1$
主要分布地区	直辖市市中心城区,或省会城市、计划单列市核心区	地市级及以上城区	县级及以上城区	城镇区域	乡村地区	农牧区

3.1.1 供电区域划分作用和原则

（1）供电区域划分的主要作用

①适应差异化发展需要：通过供电区域划分，将配电网按标准分类分区，充分体现了不同地区的差异性和电网发展特点，在此基础上开展配电网规划，能够确保规划方案科学、合理、经济。

②统一技术原则和建设标准：根据供电区域划分结果，细化适用于不同供电区域的配电网技术原则，制定标准化建设模块，确保相同类型供电区域的建设标准相同。通过供电区域划分，可以实现以下目标。

A. 按区域进行电网评估，分析电网存在的不足。

B. 根据区域不同特点，因地制宜制定不同建设标准。

C. 细化负荷预测结果，开展空间负荷及饱和负荷预测。

D. 适应区域特点，制订分区规划方案。

E. 通过分区细化功能单元，实现同一区域内网络结构、用户接入、设备选择的标准化。

（2）供电区域划分的一般原则

①依据规划水平年的负荷密度。

②满足用户的供电可靠性需求。

③应与行政区划、城市功能分区相协调。

④考虑现状电网的适应性，应充分考虑变电站及线路供电范围。

⑤应实现各级电网协调发展。

⑥满足电网运行管理要求。

⑦供电区域划分应与规划设计及运行管理要求相协调。

⑧做到不遗漏、不交叉重叠。

⑨同一供电区域应具备同一特征，满足确定同一规划标准和制定规划方案的要求。

(3)影响供电区域划分的主要因素

①城市行政区划,如城市、农村等。

②区域功能,如商业区、文教区、居民小区或经济技术开发区等。

③区域供电关系,如与上一级电网关系、变电站及线路供电范围等。

④区域负荷情况,如负荷密度、负荷特性、用户构成、可靠性指标及供电安全标准等。

⑤市政实施条件,如市政道路及河道等天然屏障、地方关于电力设备及设施布局要求等。

3.1.2 供电区域划分方法及流程

供电区域划分应在省级公司指导下统一开展,在一个规划周期内(一般 5 年)供电区域类型应相对稳定。在新规划周期开始时调整的,或有重大边界条件变化需在规划中期调整的,应专题说明。配电网供电区域划分包括确定基本区块、负荷密度计算、供电区域分类、合理性校核 4 个步骤,具体如下。

(1)确定基本区块

根据行政区域,确定供电区域的边界,并考虑以下因素影响:

①城市总体规划或控制性详规规划。

②道路、山脉、河流、高速铁路等电网建设影响因素。

③行政边界。

④变电站布点及间隔资源。

⑤配电网运行管理的要求。

⑥220 kV 及以上电网分层分区对配电网的影响。

(2)负荷密度计算

根据划分的供电区域,计算该区域规划水平年的负荷密度。对于开展过空间负荷预测的地区,可直接引用空间负荷预测结果,根据所得目标年负荷密度进行供电区域划分;对于未开展空间负荷预测的地区,可以区域预测负荷或预测变电站负荷为依据,确定区域负荷密度。负荷密度应等于预测负荷与有效供电面积之比。

(3)供电区域分类

在供电片区划分结果的基础上，按照《配电网规划设计技术导则》Q/GDW 10738—2020界定的标准进行区域划分。在计算所得水平年负荷密度的基础上，充分考虑区域地理位置、行政区划、区位特点、发展定位等外部因素带来的供电可靠性要求，按照国家、行业、企业相关标准确定供电区域的分类。

(4)合理性校核

结合各区域经济发展情况，分析供电区域面积、电力用户可靠性要求、最大负荷等，校核划分结果的合理性。

3.1.3 供电区域划分结果

依据上述供电区域划分方法和标准，结合宁夏负荷密度、经济发展情况、人均电量、人均GDP、行政级别定位等实际，将宁夏划分为A、B、C、D 4类供电区域，其中B、C类供区参照《电力发展"十三五"规划》规划修编要求细分为城、农网。各供电分区如下表所示。

表3-2 宁夏供电区域划分推荐表

供电区域	行政级别	分区负荷密度/($MW\cdot km^{-2}$)	供电范围
A	首府	$15\leq\sigma<30$	银川市兴庆区及金凤区
B(城)	市辖区	$10\leq\sigma<15$	各地市市辖区、国家级园区
B(农)		$6\leq\sigma<10$	青铜峡市区、省级园区
C(城)	城镇	$1\leq\sigma<6$	—
C(农)			县城城区、地市(县)级园区
D	农村	$\sigma<1$	其他经济不发达地区

3.2 网格化划分

配电网网格化规划是指与城市总体规划和城市控制性详细规划紧密结合，以地块用电需求为基础，以目标网架为导向，将配电网供电区域划分为若干供电网格，并进一步细化为供电单元，形成“供电分区、供电网格、供电单元”3 级网络，分层分级开展配电网规划。

3.2.1 供电分区

供电分区是开展高压配电网规划的基本单位，主要用于高压配电网变电站布点和目标网架构建。

供电分区划分应遵循以下原则：

①供电分区宜衔接城乡规划功能区、组团等区划，结合地理形态、行政边界进行划分，规划期内的高压配电网网架结构完整、供电范围相对独立。供电分区一般可按县（区）行政区划划分，对于电力需求总量较大的市（县），可划分为若干个供电分区，原则上每个供电分区负荷不超过 1 000 MW。

②供电分区划分应相对稳定、不重不漏，具有一定的近远期适应性，划分结果应逐步纳入相关业务系统中。

3.2.2 供电网格

供电网格是开展中压配电网目标网架规划的基本单位。在供电网格中，按照各级协调、全局最优的原则，统筹上级电源出线间隔及网格内廊道资源，确定中压配电网网架结构。

供电网格划分应遵循以下原则：

①供电网格宜结合道路、铁路、河流、山丘等明显的地理形态进行划分，与国土空间规划相适应。在城市电网规划中，可以街区（群）、地块（组）作为供电网格；在乡村电网规划中，可以乡镇作为供电网格。

②供电网格的供电范围应相对独立，供电区域类型应统一，电网规模应适中，饱和期宜包含 2~4 座具有中压出线的上级公用变电站（包括有直接中压出线的 220 kV 变电站），且各变电站之间具有较强的中压联络。

③在划分供电网格时，应综合考虑中压配电网运维检修、营销服务等因素，以利于推进一体化供电服务。

④供电网格划分应相对稳定、不重不漏，具有一定的近远期适应性，划分结果

应逐步纳入相关业务系统中。

3.2.3 供电单元

供电单元是配电网规划的最小单位，是在供电网格基础上的进一步细分。在供电单元内，根据地块功能、开发情况、地理条件、负荷分布、现状电网等情况，规划中压网络接线、配电设施布局、用户和分布式电源接入，制定相应的中压配电网建设项目。

供电单元划分应遵循以下原则：

①供电单元一般由若干个相邻的、开发程度相近、供电可靠性要求基本一致的地块（或用户区块）组成。在划分供电单元时，应综合考虑供电单元内各类负荷的互补特性，兼顾分布式电源发展需求，提高设备利用率。

②供电单元的划分应综合考虑饱和期上级变电站的布点位置、容量大小、间隔资源等影响，饱和期供电单元内以 1~4 组中压典型接线为宜，并具备 2 个及以上主供电源。正常方式下，供电单元内各供电线路宜仅为本单元内的负荷供电。

③供电单元划分应相对稳定、不重不漏，具有一定的近远期适应性，划分结果应逐步纳入相关业务系统中。

3.2.4 命名及编码原则

（1）供电网格（单元）命名原则

①供电网格（单元）应具有唯一的命名。

②供电网格命名宜体现省、地市、县（区）、代表性特征等信息。代表性特征命名宜选择片区名称、代表建筑、供电所名称等。例如，银川高桥片区为一个供电网格，建议命名为“宁夏银川市金凤区西高桥网格（NX-YC-JF-GQ）”，在县（区）级规划中可简称“高桥网格”。

③供电单元命名应在供电网格名称基础上，体现供电单元序号、单元属性等信息。

A. 供电单元属性包含目标网架接线类型、供电区域类别、区域发展属性 3 种信息。

B. 目标网架接线模式及代码如表 3-3 所示。

C. 供电区域类别分为 A、B、C、D 4 类。

D. 按照区域发展属性程度分为规划建成区、规划建设区、自然增长区 3 类，分别用数字 1、2、3 表示。

表 3-3 目标网架接线模式及代码表

接线模式	接线模式代码
架空多分段单联络	J1
架空多分段两联络	J2
架空多分段三联络	J3
电缆单环网	D1
电缆双环网	D2

(2)供电网格(单元)编码规则

①为了便于数字化存储和识别，每个供电网格(单元)应在唯一命名基础上具有唯一的命名编码。

②供电网格命名编码形式应为省份编码—地市编码—县(区)编码—代表性特征编码—供电单元命名编码。

A. 省份、地市、县(区)编码参照公司 SAP 系统中的编码，如宁夏编码为 NX，银川市编码为 YC，金凤区编码为 JF。

B. 代表性特征编码使用代表性地名中文拼音的 2~3 位大写英文缩写字母，如高桥网格代表性特征编码为 GQ。

C. 供电单元命名编码形式为网格编码-供电单元序号-目标网架接线代码/(供电区域类别+区域发展属性代码)。例如，宁夏银川市金凤区高桥网格 002 单元(目标网架单环网、A 类建成区)，编码为 NX-YC-JF-GQ-002-D1/A1。

供电网格(单元)编码示意图如下：

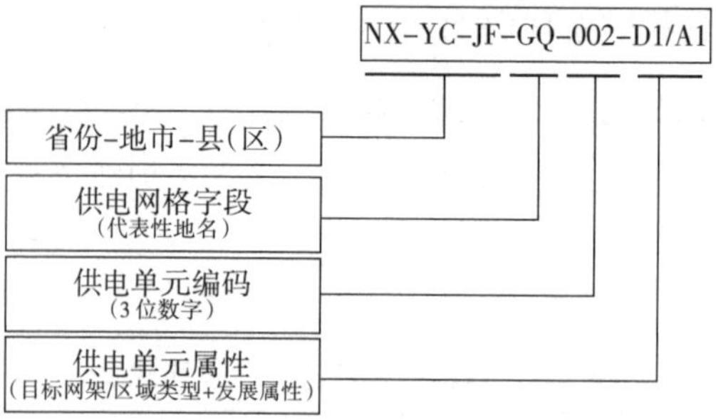

图 3-1 供电网格(单元)编号示意图

3.2.5 网格化规划流程

①资料收集。收集规划所需的各项资料。

②初步供电网格(单元)划分。依据划分标准将供电区域逐级划分为供电网格、供电单元。网格划分是一个需要反复论证的过程,本阶段网格划分只是初步划分,后续需要结合负荷预测和目标网架的搭建结果判断初步划分是否合理,并及时对其进行调整。

③现状电网分析。以供电网格为单位对区域配电网布局以及负荷分布现状进行分析,提出现状电网存在的主要问题。供电网格进行调整后,现状分析也应对应进行调整。

④负荷预测。采用空间负荷预测为主的方法,逐级测算供电单元、供电网格饱和负荷以及各规划水平年负荷。

⑤目标网络规划。依据负荷预测结果,逐供电网格搭建饱和年 10 kV 目标网架。依据网架规划结果优化供电网格(单元)划分,提出上级电源点的站点布局和网架规划建议。

⑥过渡网架确定。依据饱和网架,结合现状网架,逐供电单元、逐阶段确定过渡规划方案。

⑦电力廊道规划。结合目标网架,依据线路建设形式需求和区域道路规划,制定电力廊道规划方案。

3.3 网格划分流程示例

网格化划分主要参照网格化划分原则进行划分。具体划分流程可分为供电区域划分、供电网格划分、供电单元划分 3 部分。

(1)供电区域划分

结合规划区域行政级别及未来负荷发展情况,同时参考经济发达程度、用户重要性、用电水平、GDP 等因素,将规划区划分 B、C 2 类供电区域。

图 3-2 供电分区示意图

(2)供电网格划分

结合规划区域市政规划分区,考虑道路、河流等自然边界条件,以现状电网及目标网架建设为依据,将各类供电区划分为多个供电网格。

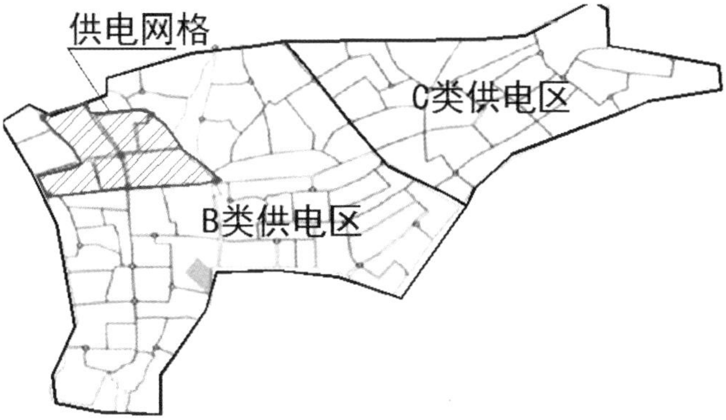

图 3-3 供电网格示意图

(3)供电单元划分

供电单元的划分考虑变电站的布点位置、容量大小、间隔资源等影响,宜将远期两站间主供和就近备供的负荷区域划分为大小适中的供电单元(图中圆圈内的数字表示各侧变电站的中压出线回路数,不同颜色区块表示不同的供电单元)。

图 3-4　供电单元和网格链示意图

4 配电网现状分析

解决现状配电网存在的问题是配电网规划的主要目的之一，配电网现状分析通过逐站、逐变、逐线分析与总量分析、全电压等级协调发展分析相结合，深入剖析配电网现状，从供电能力、供电质量、网架结构、装备水平、运行效率、智能化等方面，诊断配电网存在的主要问题及原因，结合地区经济社会发展要求，分析面临的形势。

4.1 配电网运行指标分析

配电网运行指标主要从配电网供电质量、电网结构、装备水平、供电能力、智能化水平 5 个维度进行分析。

4.1.1 供电质量

供电质量分析主要从供电可靠性和电能质量两部分内容分析，配电网规划重点考虑供电可靠率和综合电压合格率两项指标。其具体分析指标如表 4-1 所示。

通过对以上主要指标进行列表分析和统计，总结本地区现状电网供电质量存在的问题。

①供电可靠率及综合电压合格率以规划指标为目标，从预安排停电时间、故障停电时间分析配电网网架、设备、检修等存在的问题。

②造成“低电压”的原因主要有供电半径偏长、季节性负荷过度集中、三相不平衡、容量配置不足等，不同原因解决方法不同，规划过程中应对产生原因具体分析。

表 4–1 配电网供电质量分析指标

一级指标	二级指标	三级指标	指标定义和计算方法
供电质量	供电可靠性	供电可靠率	指标值=(统计期间时间–每户用户平均停电时间)/统计期间时间×100%
	电压质量	综合电压合格率	根据 GB/T 12325—2008《电能质量供电电压偏差》,电压合格率是实际运行电压偏差在限制范围内累计运行时间与对应的总运行时间的百分比 指标值=0.5×A 类监测点合格率+0.5×[(B 类监测点合格率+C 类监测点合格率+D 类监测点合格率)/3] 监测点电压合格率=[1–(电压超上限时间+电压超下限时间)/电压监测总时间]×100%
		“低电压”用户数占比	指标值=发生“低电压”现象的户数/所有用户数×100% 注:用户均值低压终端用户

4.1.2 电网结构

电网结构分析主要从高压配电网结构和中压配电网结构两部分内容分析,其具体分析指标见下表。

表 4–2 配电网电网结构分析指标

一级指标	二级指标	三级指标	指标定义和计算方法
电网结构	高压配电网结构	单线或单变站占比	指标值=单线或单变电站座数/变电站总座数×100% 注：单线或单变电站座数是指某一电压等级仅有单条电源进线的变电站与单台主变压器的变电站座数合计
		标准化结构占比	指标值=采用推荐的电网结构的 110 kV 线路条数/线路总条数×100%
		N–1 通过率	计算主变压器 N–1 通过率和线路 N–1 通过率。 主变压器 N–1 通过率=(满足 N–1 的主变压器数/总主变压器)×100% 线路 N–1 通过率=(满足 N–1 的线路条数/线路总条数)×100% 计算所有通过 N–1 校验元件的比例，反映 110 kV 或 35 kV 电网中任一元件(主变压器、线路)停运,本级及下一级电网的转供能力(应满足供电安全标准要求)
	中压配电网结构	中压配电线路平均供电半径	指标值=中压公用配电线路供电半径/中压公用配电线路总条数(km) 注:“中压线路供电半径”指从变电站二次侧出线到其供电的最远负荷点之间的线路长度

续表

一级指标	二级指标	三级指标	指标定义和计算方法
电网结构	中压配电网结构	中压架空配电线路平均分段数	指标值=中压公用架空线路分段数/中压公用架空线路总条数 注：中压公用架空线路包括架空线长度超过 50%的混合线路
		中压配电网标准化结构占比	指标值=采用推荐的电网结构的中压公用配电线路条数/中压公用配电线路总条数×100%
		中压配电线路联络率	指标值=存在联络的中压公用线路条数/中压公用配电线路总条数×100%
		中压配电线路站间联络率	设置该项是基于供电安全性考虑，重点考察中压配电网在结构上对上级电网的支撑能力 指标值=存在站间联络的中压公用配电线路条数/中压公用配电线路总条数×100%
		中压配电线路 N-1 通过率	设置该项也是基于供电安全性考虑，在供电的任意一个断面，针对一组预想故障，电网能够保持对负荷正常持续的供电能力 指标值=(满足 N-1 线路条数/线路总条数)×100% 注："满足 N-1 线路"指任一线路停运时，其所带负荷（故障段负荷除外）均能够被相邻联络线路传供的线路，为检验线路专攻能力和简化计算，可只计算 10 kV 线路变电站出口断路器后第一段故障情况

高压配电网按电压等级 110 kV 和 35 kV 分别计算。通过对以上主要指标进行列表分析和统计，总结本地区现状电网网架存在的问题。

4.1.3 装备水平

装备水平分析主要从高压配电网设备年限、中压配电网设备年限和中压配电网设备概况 3 部分内容分析，其具体分析指标如下表所示。

表 4-3 配电网装备水平分析指标

一级指标	二级指标	三级指标	指标定义和计算方法
装备水平	高压配电网设备年限	在运行设备平均投运年限	指标值=(当年每类高压在运设备的平均投运年限×所占的权重)(年) 当年每类高压在运设备的平均投运年限=当年该类高压设备投运年限/设备总数 注：权重分布为变压器 0.4、线路 0.3、断路器 0.2、GIS 内部断路器 0.1

续表

一级指标	二级指标	三级指标	指标定义和计算方法
装备水平	中压配电网设备年限	中压在运设备平均投运年限	指标值=(当年每类中压在运设备平均投运年限×所占的权重)(年) 当年每类中压在运设备的平均投运年限=当年该类中压在运设备投运年限/设备总数 注:权重分布:中压线路 0.4,配电变压器 0.3,环网单元 0.1，箱式变压器 0.1，柱上变压器 0.05，电缆分支箱 0.05
	中压配电网设备概况	中压线路电缆化率	指标值=(中压公用配电线路电缆线长度/中压公用配电线路总长度)×100%
		中压架空线路绝缘化率	指标值=(中压公用配电线路架空绝缘线路长度/中压公用配电线路架空线路总长度)×100%
		高损配电变压器占比	指标值=(高损公用配电变压器台数/公用配电变压器总台数)100%
		非晶合金配电变压器占比	指标值=(非晶合金公用配电变压器台数/公用配电变压器总台数)×100%

高压配电网设备年限按电压等级 110 kV 和 35 kV 分别计算。通过对以上主要指标进行列表分析和统计,总结本地区现状电网设备存在的问题。

4.1.4 供电能力

供电能力分析主要从高压配电网供能力和中压配电网供电能力 2 部分内容分析,其具体分析指标如下表所示。

表 4-4 配电网供电能力分析指标

一级指标	二级指标	三级指标	指标定义和计算方法
供电能力	高压配电网供电能力	高压变电容载比	指标值=相应电压等级年最大负荷日运行的变电总容量/该电压等级最大负荷日最大负荷×100% 注:计算变电容量容载比时,相应电压等级的计算负荷需要从负荷中扣除上一级电网的直供负荷和该电压等级以下的电厂直供负荷,下同
		高压重载线路占比	指标值=高压重载线路条数/高压线路总条数×100% 注:高压重载线路指最大负载率>80%的高压线路

续表

一级指标	二级指标	三级指标	指标定义和计算方法
供电能力	高压配电网供电能力	高压重载主变压器占比	指标值=高压重载主变压器台数/高压主变压器总台数×100% 注:高压重载主变压器指最大负载率>80%的主变压器
		高压轻载线路占比	指标值=高压轻载线路条数/高压线路总条数×100% 注:高压轻载线路指最大负载率<20%的高压线路
		高压轻载主变压器占比	指标值=高压轻载主变压器台数/高压主变压器总台数×100% 注:高压轻载主变压器指最大负载率<20%的主变压器
	中压配电网供电能力	中压线路出现间隔利用率	指标值=已用 10 kV 馈出线间隔数/10 kV 馈出线间隔总数×100% 注:“10 kV 馈出线间隔总数”对应 110 kV 公用变电站的 10 kV 出线间隔,即已有配电设备、具备出线功能的间隔,包括 10 kV 公用线路间隔和专用线路间隔
		中压重载线路占比	指标值=中压重载公用配电线路条数/中压公用配电线路总条数×100% 注:中压重载公用配电线路指最大负载率>80%的中压公用配电线路
		中压轻载线路占比	指标值=中压轻载公用配电线路条数/中压公用配电线路总条数×100% 注:中压轻载公用配电线路指最大负载率<20%的中压公用配电线路
		中压重载配电变压器占比	指标值=中压重载公用配电变压器台数/中压公用配电变压器总台数×100% 注:中压重载公用配电变压器指最大负载率>80%的中压公用配电变压器
		中压轻载配电变压器占比	指标值=中压轻载公用配电变压器台数/中压公用配电变压器总台数×100% 注:中压轻载公用配电变压器指最大负载率<20%的中压公用配电变压器
		户均配电变压器容量	指标值=公用配电变压器容量/低压用户数(kVA/户)

通过对以上主要指标进行列表分析和统计,总结本地区现状电网供电能力存在的问题。

4.1.5 智能化水平

智能化水平分析主要从配电自动化水平、用户互动化水平和环境友好水平 4 部分内容构成,其具体分析指标见下表。

表 4–5 配电网智能化水平分析指标

一级指标	二级指标	三级指标	指标定义和计算方法
智能化水平	配电自动化水平	配电自动化覆盖率	指标值=区域内配置自动化终端的中压公用配电线路条数/区域内中压公用配电线路总条数
		配电自动化有效覆盖率	指标值=区域内符合终端配置要求的中压公用配电线路条数/区域内中压公用配电线路总条数 终端配置要求:A 类及以上配置三遥,B、C 类以二遥为主,D 类配置基本型二遥
	用户互动化水平	智能电表覆盖率	区域内安装的智能电表数占评估区域电网总电表数的比例 指标值=智能电表数/总电表数×100%
	环境友好水平	分布式电源渗透率	用来表征分布式电源的利用程度 指标值=分布式电源装机容量/区域年最大负荷×100%

通过对以上主要指标进行列表分析和统计,总结本地区现状电网智能化存在的问题。

4.2 配电网存在问题分析

从负荷供应能力、网络结构水平、装备技术水平、配电智能化水平等方面分析配电网存在的主要问题,并进行总结。配电网问题类别可参考下表。

表 4–6 配电网问题类别统计表

维度	问题类别
供电能力	满足新增负荷
	变电站重载
	高压配电网线路重载
	中压线路重载
	配变重载

续表

维度	问题类别
网络结构	单线或单变站
	变电站不满足 N-1
	高压配电网线路不满足 N-1
	中压配电网线路不满足 N-1
	中压线路末端电压不合格
	台区电压偏低
装备水平	设备运行年限较长
	设备存在安全隐患
	高损耗设备
智能化水平	配电自动化配置水平低

注:配电网存在问题包括但不限于以上问题类别

5 配电网负荷预测

负荷预测与电力平衡是配电网规划的重要环节，也是配电网经济运行的基础,对配电网规划和运行都极其重要。本章通过分析各种负荷预测方法的适用范围及应用区域,结合宁夏各地区差异化经济社会发展、负荷发展,从空间、时间层面推荐选取适合不同配电网规划的负荷预测方法。

根据适合宁夏配电网自身特点的负荷预测方法,确定负荷预测指标,结合各地市负荷特性,对负荷预测指标进行需用程度调整,分析电动汽车、煤改电(电采暖)等新型负荷对于负荷预测指标的影响,确定调整系数。

5.1 负荷预测的内容与要求

5.1.1 负荷预测的一般要求

①负荷预测是配电网规划设计的基础，包括电量需求预测和电力需求预测，以及区域内各类电源和储能设施、电动汽车充换电设施等新型负荷的发展预测。

②负荷预测主要包括饱和负荷预测和近中期负荷预测，饱和负荷预测是构建目标网架的基础，近中期负荷预测主要用于制定过渡网架方案和指导项目安排。

③应根据不同区域、不同社会发展阶段、不同用户类型以及空间负荷预测结果,确定负荷发展曲线,并以此作为规划的依据。

④负荷预测的基础数据包括经济社会发展规划和国土空间规划数据、自然气候数据、重大项目建设情况、上级电网规划对本规划区域的负荷预测结果、历史年

负荷和电量数据等。配电网规划应积累和采用规范的负荷及电量历史数据作为预测依据。

⑤负荷预测应采用多种方法，经综合分析后给出高、中、低负荷预测方案，并提出推荐方案。

⑥负荷预测应分析综合能源系统耦合互补特性、需求响应引起的用户终端用电方式变化和负荷特性变化，并考虑各类分布式电源以及储能设施、电动汽车充换电设施等新型负荷接入对预测结果的影响。

⑦负荷预测应给出电量和负荷的总量及分布（分区、分电压等级）预测结果。近期负荷预测结果应逐年列出，中期和远期可列出规划末期预测结果。

5.1.2 负荷预测内容

配电网负荷预测是根据社会经济发展、人口增长、用地开发建设、配电网的运行特性等诸多因素，在满足一定精度要求的条件下，预测未来一定时期内配电网的负荷、用电量总量及空间分布。

预测的期限一般应与配电网规划设计的期限保持一致，近期（5 年）的预测要列出逐年预测结果，为变配电设备建设改造提供依据，中远期（10 年及以上）预测一般侧重饱和负荷预测，为高压变电站站址和高、中压线路通道等配电网设施布局规划提供参考，并为阶段性的网络规划方案提供依据。负荷预测的主要内容如下。

①全社会用电量和最大负荷。预测规划期内某一区域的全社会用电量和全社会最大负荷。预测对象通常为一个省、一个市或一个县，预测结果为全系统的负荷值，不区分电压等级，应与输电网规划、电源规划等负荷预测结果保持衔接。预测结果主要用于判断该地区全社会用电量和最大负荷的宏观走势。

②各电压等级网供最大负荷。在全社会最大负荷的基础上，预测由各电压等级公共变压器供给的最大负荷，称为网供负荷预测。配电网网供负荷预测结果包括 110 kV 网供最大负荷、35 kV 网供最大负荷和 10 kV 网供最大负荷，各电压等级网供负荷一般通过全社会最大负荷扣除更高电压等级变电站向本电压等级以下电网的直供负荷、本电压等级及以上专线负荷，以及更低电压等级的发电出力

得到。网供负荷的预测结果主要用于确定该电压等级配电网在规划期内需新增的变压器容量需求。

③负荷二分法。自然增长负荷和大用户负荷的负荷特性差别较大。自然负荷增长可预测、可控，但是大用户负荷增长不稳定、不可控。在进行配电网规划负荷预测时要分别考虑。

④对配电网分区、分压、分时进行预测。分区预测可以精准把握负荷分布特点，在配电网规划中合理规划电源布点和出线；分压预测可以把握各电压等级负荷需求状态，合理配置资源；分时预测，可以规划电力设施建设时机。

5.2 配电网负荷特性分析

负荷特性分析是归纳负荷变化规律、确定预测方案的前提。在实际应用中，通常采用特定指标反映负荷特性。在配电网规划设计中，常用的指标如最大负荷、负荷曲线、负荷率、最大利用小时数等，主要指标介绍如下。

(1)全社会最大负荷

全社会最大负荷是反映地区负荷最大值的重要指标，通常是指全年中最大负荷日的负荷，根据国内外的使用情况，全社会最大负荷分别有最大负荷整点值、最大负荷瞬时值和最大 3 日平均负荷 3 种定义。最大负荷整点值是指某一年内记录的整点负荷中，数值最大的一个；最大负荷瞬时值是指某一年内记录的瞬时负荷值(一般为 5 min 一点测到的数据)中最大的一个；最大 3 日平均负荷是指某月内最大 3 日平均负荷值。最大负荷指标选取对于安排电源规划和确定电网规模十分重要，从经济性角度出发，可采用最大 3 日平均负荷。

(2)负荷曲线

负荷曲线包括年负荷曲线和日负荷曲线。年负荷曲线是指按一年中逐月最大负荷绘制的曲线，可采用典型年负荷曲线叠加法或综合典型年负荷曲线扩展法进行编制，日负荷曲线根据全日 24 h 的最大负荷点绘制。负荷曲线能够形象地反映年、日负荷高峰出现和持续的情况，通过与历史年份的对比，发现地区负荷受经济、气象、电价等因素影响的规律。

(3)负荷率

负荷率分为日负荷率γ和日最小负荷率β,是判断工业负荷用电比重的重要指标。日负荷率是日平均负荷P_{ave}与日最大负荷P_{max}的比值,日最小负荷率是日最小负荷P_{min}与日最大负荷P_{max}的比值,计算公式分别如下:

$$\gamma=\frac{P_{ave}}{P_{max}} \tag{5-1}$$

$$\beta=\frac{P_{min}}{P_{max}} \tag{5-2}$$

日负荷率表明日负荷的平复程度,其值越高,说明负荷的变化越小。日最小负荷率表明日负荷变化的幅度,其值越高,表明负荷变化越小。对于连续生产的工业用电比重大的负荷,γ和β较高;但对于市政生活、商业及照明用电比重大的负荷,γ和β则较低。

(4)年最大负荷利用小时数

年最大负荷利用小时数可通过年用电量和年最大负荷计算得到,计算公式如下:

$$T_t=\frac{W_t}{P_t} \tag{5-3}$$

式中,T_t为年最大负荷利用小时数;W_t为全年实际用电量;P_t为年最大负荷。

在年用电量和年最大负荷数据不明确情况下,年最大负荷利用小时数也可按下述两种方法取值:一是根据历史资料由专家分析判断确定;另一种是以历史统计数据进行回归分析,找出负荷结构与年最大负荷利用小时数的关系,再由预测的负荷结构计算出年最大负荷利用小时数。

(5)其他常用的负荷特性指标

除上述指标外,还有一些常用的负荷特性指标,主要包括年平均日负荷率、月负荷率、季负荷率、峰谷差等,具体见下表。

表 5-1 负荷特性指标表

指标名称	指标定义
(典型日)日最大(小)负荷	典型日中记录的负荷中,数值最大(小)的一个
日负荷率	一般取月最大负荷日的平均负荷与最大负荷的比值
日最小负荷率	一般取月最大负荷日的最小负荷与最大负荷的比值
年平均日负荷率	一年内 12 个月各月最大负荷日的平均负荷之和与各月最大负荷日最大负荷之和的比值
年平均日最小负荷率	一年内 12 个月各月最大负荷日的最小负荷之和与各月最大负荷日最大负荷之和的比值
日峰谷差	日最大负荷与最小负荷之差
日峰谷差率	日最大负荷与最小负荷之差与日最大负荷的比值
年最大峰谷差	一年中日峰谷差的最大值
年平均峰谷差	一年中日峰谷差的平均值
年平均峰谷差率	一年中日峰谷差率的平均值
典型日负荷曲线	(典型日)按一天中逐小时(30 min、15 min)负荷变化绘制的曲线
年持续负荷曲线	按一年中系统负荷的数值大小及其持续小时数顺序绘制的曲线

注:典型日一般选最大负荷日,也可选最大峰谷差日,还可根据各地区情况选不同季节的某一代表日

5.3 配电网负荷预测方法

配电网规划常用的负荷预测方法有弹性系数法、单耗法、负荷密度法、趋势外推法、人均电量法等。当考虑分布式电源与新型负荷接入时,可采用概率建模法、神经网络法、蒙特卡洛模拟法等。

配电网负荷预测应遵循以下原则。

①可根据规划区负荷预测的数据基础和实际需要,综合选用 3 种及以上适宜的方法进行预测,并相互校核。

②对于新增大用户负荷比重较大的地区,可采用点负荷增长与区域负荷自然增长相结合的方法进行预测。

③网格化规划区域应开展空间负荷预测，并符合下列规定：

A. 结合国土空间规划，通过分析规划水平年各地块的土地利用特征和发展规律，预测各地块负荷。

B. 对相邻地块进行合并，逐级计算供电单元、供电网格、供电分区等规划区域的负荷，同时率可参考负荷特性曲线确定。

C. 采用其他方法对规划区域总负荷进行预测，与空间负荷预测结果相互校核，确定规划区域总负荷的推荐方案，并修正各地块、供电单元、供电网格、供电分区等规划区域的负荷。

④分电压等级网供负荷预测可根据同一电压等级公用变压器的总负荷、直供用户负荷、自发自用负荷、变电站直降负荷、分布式电源接入容量等因素综合计算得到。

5.3.1 负荷总量预测

主要有单耗法、弹性系数法、平均增长率法、负荷密度法、回归分析法、人均用电量法等。

（1）产值用电单耗法

产值用电单耗法是根据单位产值或产量所需耗用的电量和预测期生产的产品产值或产量来测算预测期用电量的方法，一般用于对有单耗指标的产业负荷进行预测，也可对国民经济三大产业进行用电量预测。产值用电单耗法较为简单，适用于近、中期预测。特别是对于煤炭、石油、冶金、机械、化工、纺织、造纸等工业用电所占比重较大的地区，产值用电单耗法是一种常用的方法。预测步骤如下。

①根据地区社会经济发展规划，计算规划期逐年的分产业 GDP 产值。

②根据分产业的历史用电量和 GDP 产值计算历史年的产值用电单耗：

$$K_i'=\frac{W_i'}{G_i'} \tag{5-4}$$

式中，K_i'为历史年第 i 年某产业产值的用电单耗，其含义为每单位国民经济生产总值所消耗的电量，kWh/万元；W_i'为历史年第 i 年的用电量，kWh；G_i'为历史

年第 i 年的 GDP 产值，万元。

③使用某种方法（平均增长率、回归分析法等）预测得到规划期逐年分产业的用电单耗 κ_i。

④分别计算各产业规划期逐年的用电量：

$$W_i=\kappa_i G_i \tag{5-5}$$

式中，W_i 为规划期第 i 年的用电量，kWh；G_i 为规划期第 i 年的 GDP 产值，万元。

⑤分别将一、二、三产业的预测电量相加，得到各年份的三产产业用电量。

（2）弹性系数法

电力弹性系数法是根据历史阶段电力弹性系数的变化规律，预测今后一段时期的电力需求的方法。该方法可以预测全社会用电量，也可以预测分产业的用电量（分产业弹性系数法），主要步骤如下。

①以地区历史数据为基础，计算逐年电力弹性系数：

$$\eta_t'=\frac{W_t'}{V_t'} \tag{5-6}$$

式中，η_t' 为历史年电力弹性系数；W_t' 为历史年一定时期内用电量的年均增长速度；V_t' 为历史年一定时期内国民生产总值的年均增长速度。

②根据政府部门未来一段时期的国民生产总值的年均增长率预测值与电力弹性系数，推测出规划期第 n 年的用电量：

$$W_n=W_0\times(1+V_t\eta_t')^n \tag{5-7}$$

式中，W_0 为规划基准年的用电量，kWh；W_n 为规划水平年的用电量，kWh；V_t 为规划期内国民生产总值的年均增长速度。

电力工业应适度超前发展。由于电力弹性系数是反映一定时期内电力发展与国民经济发展适应程度的宏观指标，侧重描述一个总的变化趋势，难以反映电量构成要素的变化情况。因此，该方法主要用于校核中、远期的负荷预测结果。

(3)平均增长率法

平均增长率法通过计算预测对象历史年时间序列数据的平均增长率，假定在规划期的各年中，预测对象仍按该平均增长率向前变化发展，从而得出预测对象各年的预测值。平均增长率法计算简单，应用广泛，可以用于预测电量、负荷、用电单耗、人均用电量、弹性系数等，主要用于近期预测。预测步骤如下。

①使用 t 年历史时间序列数据计算年均增长率 α_t：

$$\alpha_t=(Y_t/Y_1)^{\frac{1}{t-1}}-1 \tag{5-8}$$

②根据历史年规律测算规划期各年的预测值：

$$y_i=y_0(1+\alpha_t)^{n_i} \tag{5-9}$$

式中，y_0 为预测基准值；α_t 为根据 t 年历史数据计算的年均增增率；y_i 为规划期第 i 年的预测量；n_i 为规划期第 i 年对应的预测年限。

(4)回归分析法

电力负荷同其所在地区的经济、政治、气候和环境等因素常存在某种因果关系，回归模型预测方法就是通过观察这些数据的统计分析和处理结果，寻找负荷与影响因素之间的因果关系，建立回归模型进行预测，通过变动趋势分析，推算预测未来。

回归分析法以时间为自变量，以预测对象作为因变量，建立一个相关性比较好的数学方程，计算未来的预测量。回归分析法按照回归方程，分为一元线性回归、指数回归、幂回归以及多项式回归等方法。预测时，一般要求 10 年或 10 年以上的历史数据，选择最接近历史数据的曲线函数，才能建立较好的变化趋势。

(5)综合用电水平法

主要根据地区人口和每个人的平均年用电量来推算年用电量，也称人均电量法。居民生活用电量可按每户或每人的平均用电量来推算，工业和非工业等分类用户的用电量可按每单位设备装接容量的平均用电量来推算。预测步骤如下。

①根据地区历史年常住人口和用电量(或居民生产生活用电量)数据,计算历史年人均用电量水平:

$$E_i'=\frac{W_i'}{N_i'} \tag{5-10}$$

式中,E_i'为历史年第 i 年人均用电量,kWh/人;N_i'为历史年第 i 年的常住人口,人;W_i'为历史年第 i 年的用电量,kWh。

②使用某种方法(平均增长率法、回归分析法等)预测得到规划期逐年的人均用电量 E_i。

③计算规划期逐年的用电量(或居民生产生活用电量):

$$W_i=E_iN_i \tag{5-11}$$

式中,W_i 为规划期第 i 年的用电量,kWh;N_i 为规划期第 i 年的常住人口,人。

综合用电水平法计算简单,易于操作,主要受人口因素影响显著,适用于近、中期负荷预测。在应用中,规划期逐年人均电量 E_i 的计算还可以参照国内外同类型城市,结合经济社会、用电指标、建筑面积等资料类比得到。类比步骤如下。

①对比某一地区与比较对象的经济社会和电力发展相关指标,包括 GDP、分产业结构比例、人均 GDP、人均用电量、用电单耗、城市建成区面积等。

②分析该地区水平年人均 GDP 指标相当于比较对象的哪一年,选定比较对象该年份人均用电量、用电单耗等指标作为水平年参数。

③计算待预测区规划水平年的用电量、负荷密度等指标。

(6)最大负荷利用小时数法

最大负荷利用小时数法是在规划期电量预测值已确定的情况下,根据最大负荷利用小时数,预测年最大负荷的方法。预测步骤如下。

①根据历史年逐年电量及负荷数据,计算历史年最大负荷利用小时数 T_{max}:

$$T'_{max-i}=\frac{W_i'}{P_i'}\times10^{-3} \tag{5-12}$$

式中,P_i'为历史年第 i 年的年最大负荷,MW;W_i'为历史年第 i 年的用电量,

kWh；T'_{max-i} 为历史年第 i 年的年最大负荷利用小时数，h。

②使用某种方法（平均增长率法、回归分析法等）预测得到规划期逐年年最大负荷利用小时数 T_{max-i}。

③根据规划期已知的逐年用电量预测值，计算相应年度的年最大负荷预测值 P_i：

$$P_i = \frac{W_i}{T_{max-i}} \tag{5-13}$$

最大负荷利用小时数法计算简单，易于操作，不受规划期年限的限制。不同地区的年最大负荷利用小时数与负荷性质有关，农村地区负荷的利用小时数一般为 1 500~2 000 h，而工业负荷的利用小时数一般为 4 000~6 000 h。

（7）大用户法

大用户法是通过用电负荷增长与区域负荷自然增长相结合的方法进行预测。预测步骤如下。

①对于大工业用户。对于新增大用户负荷比重较大的地区，可采用点负荷增长与区域负荷自然增长相结合的方法进行预测，如冶金、建材、化工、纺织等行业。非大工业用户，如商贸地产、电子通信、机械加工等行业，根据报装容量计算。工业大用户也可按产品产量和产品用电单耗来计算：

$$P_{dy-i} = \left[\sum_{n=1}^{n} (S_{j-i}\mu_{j-i}\eta_{j-i}) \right] \times \eta_{dy-i} \tag{5-14}$$

式中，P_{dy-i} 为规划期第 i 年大用户负荷，MW；S_{j-i} 为规划期第 i 年第 j 个行业所有大用户的报装容量，MW；μ_{j-i} 为规划期第 i 年第 j 个行业所有大用户所对应的需用系数；η_{j-i} 为规划期第 i 年第 j 个行业所有大用户的同时率；η_{dy-i} 为规划期第 i 年各行业之间的同时率。

②在历史年最大负荷的基础上，扣除大用户负荷，使用某种方法（平均增长率法、回归分析法等）预测得到规划期逐年的扣除大用户负荷的最大负荷 P_{zr-i}。

③计算规划期第 i 年的最大负荷 P_i：

$$P_i = P_{dy-i} + P_{zr-i} \tag{5-15}$$

大用户法简单直观，适用于县(区)等较小范围地区的近期负荷预测，要求掌握大用户详细资料。

(8)S 形曲线预测法

负荷变化趋势一般呈现为 S 形曲线。区域的负荷成长特性与其发展阶段密切相关，一般可分为慢速增长期、快速增长期和缓慢增长饱和期 3 个阶段。这 3 个阶段的长短与区域大小和建设进度有关，区域越大，每阶段持续的时间越长，S 形曲线越平滑；区域越小，每阶段持续的时间越短，S 形曲线饱和得越快。S 形曲线及增长率曲线见下图。根据 S 形曲线可以确定电网发展阶段，并以此作为变电站建设时序等的规划依据。

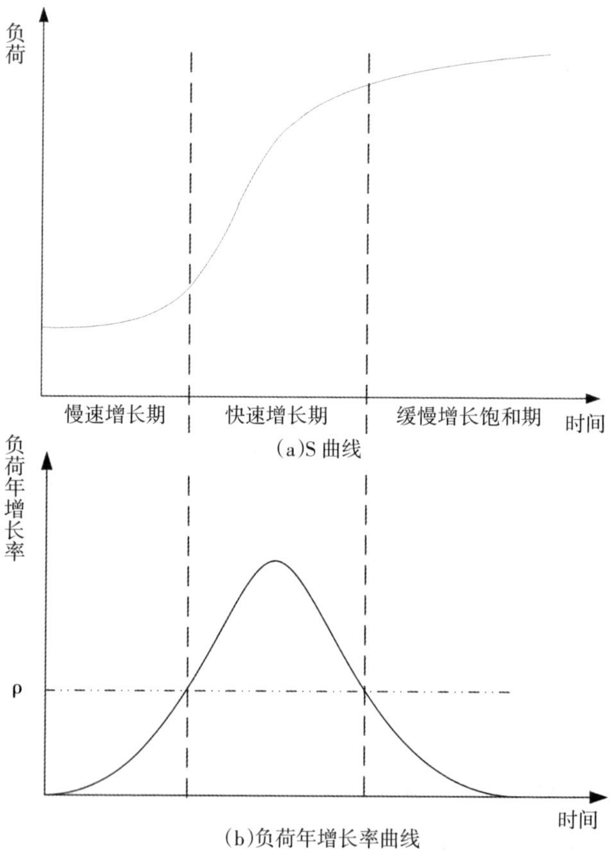

图 5-1　S 形曲线及增长率曲线图

5.3.2 空间负荷预测

5.3.2.1 空间负荷预测方法

空间负荷预测主要采用空间负荷密度法进行预测，即以已达到规划目标年预期用电水平的典型地块及用户的用电情况为样本，计算典型负荷密度指标，开展逐个地块或用户负荷预测，并汇总得到整个规划区的总负荷。负荷密度指标是最大负荷与用地面积的比值，将规划区用地按照一定的原则划分相应大小的规则（网格）或不规则（变电站、馈线供电区域）的小区，通过分析、预测规划年城市小区土地利用的特征和发展规律，来进一步预测相应小区中电力用户和负荷分布的地理位置、数量、大小和产生的时间。应用负荷密度法的关键有2点：一是功能区的划分；二是各功能区负荷密度指标的选取。该方法适用于地区饱和负荷预测。

因此，空间负荷密度法适用于城市及园区等市政用地规划区域，根据市政规划的用地情况以及区域发展的目标年水平，选取与目标水平相类似的地域负荷密度指标，建立在大量调研的情况下，采用与其他地区类比的方式确定规划地块单位建筑面积或单位占地面积的负荷大小，进而对负荷加以预测。该方法适用于地区饱和负荷预测。

所需资料：规划区域用地性质、用地面积等。

预测公式为：

$$P=(\sum DS_{zd})\eta \tag{5-16}$$

式中，P 为最大负荷，MW；D 为负荷密度指标，MW/km^2；S_{zd} 为用地面积，km^2；η 为同时率，一般根据各类负荷的历史情况推算得到。

使用负荷密度法时，居住用地与公共建筑一般采用单位建筑面积负荷密度指标；工业用地等一般采用单位占地面积负荷密度指标。负荷密度指标可通过类比国内或国外相同性质用地进行取值。预测步骤如下。

①根据城市控制性详细规划确定的各个地块用地性质、用地面积、容积率等指标，按《城市电力规划规范》GB 50293—1999确定的城市建设用地用电负荷分类，统计规划区分地块及分类用地性质及建筑面积。计算公式如下：

$$S=100\times S_{zd}k_{rj} \tag{5-17}$$

式中，S 为建筑面积，万 m^2；S_{zd} 为占地面积，km^2；k_{rj} 为容积率。

②确定单位建筑面积用电指标及单位占地面积用电指标。根据《城市电力规划规范》GB 50293—1999 选取用电指标，依据《工业与民用供配电设计手册(第四版)》选择需用系数，计算各类用地单位面积用地指标。计算公式如下：

$$W_S=W_{js}k_{xy} \tag{5-18}$$

式中，W_S 为单位面积用电指标，W/m^2；W_{js} 为单位建筑面积用电指标（单位占地面积用电指标），W/m^2；k_{xy} 为需用系数。

5.3.2.2　空间负荷密度指标选取

(1)选取思路及过程

负荷密度法即空间负荷预测法，是根据土地利用规划，从地区土地面积(或建筑面积)的用电指标出发，预测远景的年土地面积(或建筑面积)和单位面积负荷密度，进而得到规划区负荷预测值及负荷的空间分布情况。负荷密度法在分区规划资料准确的前提下，不确定因素只有负荷密度的取值，其他受人为影响的因素相对较少，这在理论上能够保证得到比较准确的预测结果。因此，本手册通过调研分析宁夏各地市不同用地性质负荷密度水平，对比国内先进地区负荷密度指标，

表 5-2　单位建筑面积负荷密度标准—工业与民用建筑供电设计标准摘录

建筑类别	单位建筑面积负荷指标/($W\cdot m^{-2}$)
居住建筑	30~70
商业建筑	40~150
行政办公	50~90
教育设施	20~40
医疗卫生及设施服务	40~60
工业建筑	40~120
仓储物流建筑	15~50
市政设施建筑	20~50

表 5-3 分类负荷需用系数—工业与民用建筑供电设计标准摘录

用地性质	需用系数
工业用地	0.7~0.9
居住用地	0.35~0.6
商业用地	0.6~0.9
公共设施	0.5~0.7

结合新型负荷对不同用地性质负荷的影响,选取制定符合宁夏本地化的负荷密度指标,以指导宁夏高质量配电网规划负荷预测工作,确保负荷预测的准确性。

(2)常规负荷密度指标选取

宁夏各地区不同性质用地的发展定位不尽相同,从而使得各类负荷密度指标不同,因此宁夏各地区常规负荷密度选取思路为在《工业与民用建筑供电设计标准》基础上,一方面参考宁夏成熟或较为成熟片区负荷密度,另一方面综合考虑与宁夏各地区功能定位、社会发展及用电类型相近的城市或园区的负荷密度调研值等因素确定宁夏地区各用地性质负荷密度值,提升预测精准度,有效指导规划布局,保证方案合理性与适用性。

①国内典型地区负荷密度指标类比。

国内其他城市或园区的公共管理与公共服务用地、商业服务业设施用地、工业用地、居住用地、公共设施用地、物流仓储用地等负荷密度调研值对比情况如下表所示。

表 5-4 国内各类用地负荷密度指标调研结果

用地性质	地区	区域	负荷密度指标/(MW·km^{-2})
居住用地	上海	漕河经开发区	30
	北京	良乡卫生城	35
	保定	604 生活宿舍小区	34
	桂林	罗马公园	30

续表

用地性质	地区	区域	负荷密度指标/($MW\cdot km^{-2}$)
居住用地	南宁	阳光绿城	26.7
	汉口	和谐家园	27
	唐山	新型小区	25
	保定	电业小区	21
	漯河	南小街原住宅小区	20
工业用地	武汉	东湖高科技开发区	46
	南宁	浮法玻璃厂	53.3
	西宁	青海东风汽车	40
	保定	田野汽车厂、前进、先锋机械厂工业区	35
	成都	成都市高新技术开发区	35.7
	上海	海龙光电	54.7
	上海	上海先进半导体	58.6
	武汉	光武生物医药	42
	深圳	普天新能源	45
	南宁	华盛新材料	40
	佛山	美的电子	50
商业服务设施	保定	朝阳路中心商业小区	40
	唐山	创业大厦	38
	开封	汇金大厦	34
	江门	金汇广场	42
	广州	万达广场	53
	广州	维多利广场	55
	上海	百货大楼新楼	50
	南宁	钻石广场	45.1

续表

用地性质	地区	区域	负荷密度指标/(MW·km^{-2})
行政办公	南宁	海关大厦区	42.2
	广州	珠江新城	52
	无锡	罗马假日广场	49
	南宁	环球时代	49
	杭州	杭州市规划局办公大楼	50
	汕头	市电信局	42
文化设施用地	无锡	无锡大世界影城	28
	江门	高新区先进制造业园区	20
	烟台	烟台张裕酒文化博物馆	35
	南宁	商业广场	30
医疗卫生用地	杭州	杭州市第一医院	41
	重庆	西南医院	45
	南宁	青秀区医院	35
	郑州	郑州市第三人民医院	40
教育科研用地	海口	中心城区教育用地	20
	南宁	青秀区教育用地	20
	浙江	浙江大学玉泉校区	31
体育用地	广州	大学城体育中心	20
	兰州	兰州七里河体育场	15
	郑州	郑州体育中心	15
物流仓储用地	楚雄	仓储用地	10
	海口	洋浦工业园区	8
	江门	江门高新区	15
公用设施用地	海口	洋浦工业园区	7
	珠海	珠海市	10
	江门	蓬江	10

利用空间负荷预测法进行远期负荷预测，必须要确定远景年每一类负荷的用电负荷密度参考指标。为了使负荷密度指标能够代表宁夏未来发展情况，对已经经过充分发展的同类型负荷的负荷密度情况进行调查，并以这些负荷密度指标作为规划区负荷密度指标设定的主要依据。同时，对于地区特点明显的一些分类，如工业和居住等再结合本地的实际情况进行设置。

②宁夏地区负荷密度指标调研。

A. 居住用地，主要包括居住用地和商住混合用地。规划中所指的居住用地是指市政公用设施齐全，布局完整，环境较好，以多、中、高层住宅为主的用地。居住用地类负荷密度调研情况如下表。

表 5-5 居住用地负荷密度调研指标

调查地区	调查对象	占地面积/m^2	建筑面积/m^2	最大负荷/kW	容积率	单位建筑面积负荷指标/（$W·m^{-2}$）	负荷密度指标/（$MW·km^{-2}$）
某市	某县 A 小区	108 501	248 780	2 196	2.29	8.8	20.2
	某县 B 小区	177 444	316 822	1 680	1.79	5.3	9.5
	某县 C 小区	501 000	1140 000	5 000	2.28	4.4	10.00
	某县 D 小区	160 000	220 000	750	1.38	3.4	4.7
	某县 E 小区	29 000	96 000	420	3.31	4.4	14.5
某市	某县 A 小区	54 800	66 308	904	1.21	13.63	16.50
	某县 B 小区	216 000	257 040	2 341	1.19	9.11	10.84
	某县 C 小区	818 400	998 448	7 382	1.22	7.39	9.02
某市	某县 A 小区	36 667	44 367	221.84	1.21	5.00	6.05
	某县 B 小区	15 440	13 278	105.96	0.86	7.98	6.86
	某县 C 小区	33 083	39 700	436.70	1.2	11.00	13.2
某市	某县 A 小区	33 200	39 926.9	580	1.20	14.53	17.47
	某县 B 小区	52 800	10 5761.4	1 044.24	2.00	9.87	19.78
	某县 C 小区	90 300	73 840.9	462.2	0.82	6.26	5.12

调研小区均为发展较为成熟的社区，负荷接近饱和，通过调研分析宁夏居住用地负荷密度指标为 12~20 MW/km²。

B. 工业用地，部分工业用地类负荷密度调研情况见下表。

表 5-6 工业用地负荷密度调研指标

调查地区	调查对象	占地面积/ m^2	建筑面积/ m^2	最大负荷/ kW	容积率	单位建筑面积负荷指标/ (W·m⁻²)	负荷密度指标/ (MW·km⁻²)
某市	某县工业园	3 321 400	1 992 800	49 820	0.60	25	15.00
某市	某县工业园	818 400	654 720	8 000	0.80	12.22	9.78
	某石油化工公司	133 083	109 128	1 320	0.82	12.10	9.92
	某固井材料公司	147 279	111 932	1 350	0.76	12.06	9.17

调研工业用地均为发展较为成熟的地区，负荷接近饱和，通过调研分析宁夏工业用地负荷密度指标为 11~15 MW/km²。

C. 商业用地，部分地区商业金融用地负荷密度指标的调研结果见下表。

表5-7 商业用地负荷密度调研指标

调查地区	调查对象	占地面积/ m^2	建筑面积/ m^2	最大负荷/ kW	容积率	单位建筑面积负荷指标/ (W·m⁻²)	负荷密度指标/ (MW·km⁻²)
某市	某县 A 商城	70 300	285 000	8 000	4.05	28.1	113.8
	某县 B 商城	17 000	85 000	3 000	5.00	35.3	176.5
	某县 C 商城	4 000	6 000	126	1.5	21	31.5
某市	某县宾馆	119 510	179 265	4 500	1.50	25.10	37.65
	某县 A 酒店	149 600	238 000	6 000	1.59	25.21	40.11
	某县 B 酒店	118 400	180 000	4 500	1.52	25.00	38.01
某市	某县 A 广场	25 600	75 216.08	660.5	2.94	8.78	25.80
	某县 B 广场	26 000	49 852.4	714.88	1.92	14.34	27.50
	某县商贸场	14 500	24 697.1	522.2	1.70	21.14	36.01

调研商业用地均为发展较为成熟的地区，负荷接近饱和，通过调研分析宁夏商业用地负荷密度指标为 59~177 MW/km^2。

D. 公共管理与公共服务设施用地，主要包括行政办公、文化体育、教育科研、医疗卫生等。宁夏公共管理与公共服务设施用地负荷密度指标的调研结果见下表。

表5-8　行政办公用地负荷密度调研指标

调查地区	调查对象	占地面积/m^2	建筑面积/m^2	最大负荷/kW	容积率	单位建筑面积负荷指标/(W·m^{-2})	负荷密度指标/(MW·km^{-2})
某市	某县党委	693 680	70 000	461	0.1	6.6	0.7
	某县供电公司	27 800	23 500	390	0.85	16.6	14
	某市政府	20 000	8 000	180	0.4	22.5	9
	某县计生局	18 000	20 000	360	1.11	18	20
某市	某县检察院	47 170.24	58 000	950	1.23	16.38	20.14
	某县住建局	44 480	56 900	900	1.28	15.82	20.23
	某县法院	48 000	60 000	980	1.25	16.33	20.42
某市	某县政府大楼	133 000	146 326.3	1 033.48	1.10	7.06	7.77
	某县供电局	15 600	25 776.2	324	1.65	12.57	20.77
	某县检察院	37 400	54 283	691.86	1.45	12.75	18.50

表 5-9　文化设施用地负荷密度调研指标

调查地区	调查对象	占地面积/m^2	建筑面积/m^2	最大负荷/kW	容积率	单位建筑面积负荷指标/(W·m^{-2})	负荷密度指标/(MW·km^{-2})
某市	某县电视局	32 000	48 000	730	1.50	15.21	22.81
	某县电影院	34 560	53 500	800	1.55	14.95	23.15
	某县影城	38 400	58 315	895	1.52	15.35	23.31
某市	某县博物馆	42 400	50 825.1	558	1.20	10.98	13.16
	某县文化广场	3 200	4 364	64	1.36	14.67	20.00
	某市博物馆	26 600	29 164	88	1.10	3.02	3.31

表 5-10 医疗卫生用地负荷密度调研指标

调查地区	调查对象	占地面积/m^2	建筑面积/m^2	最大负荷/kW	容积率	单位建筑面积负荷指标/($W \cdot m^{-2}$)	负荷密度指标/($MW \cdot km^{-2}$)
某市	某县 A 医院	166 700	120 000	2 160	0.72	18	13
	某县 B 医院	165 483	275 252	4 300	1.66	15.6	26
	某县 C 医院	10 400	35 000	1 000	3.37	28.6	96.2
	某县 D 医院	10 000	5 000	120	0.5	24	12
某市	某县 A 医院	133 360	162 000	2 500	1.21	15.43	18.75
	某县 B 医院	158 863.68	200 000	3 000	1.26	15.00	18.88
	某县 C 医院	191 360	240 000	3 500	1.25	14.58	18.29
某市	某县 A 医院	53 600	78 000	618.8	1.46	7.93	11.54
	某县 B 医院	20 100	31 298	353	1.56	11.28	17.56
	某县 C 医院	16 600	21 182.9	109.19	1.28	5.15	6.58

表 5-11 教育科研用地负荷密度调研指标

调查地区	调查对象	占地面积/m^2	建筑面积/m^2	最大负荷/kW	容积率	单位建筑面积负荷指标/($W \cdot m^{-2}$)	负荷密度指标/($MW \cdot km^{-2}$)
某市	某县 A 中学	65 368	34 530	240	0.53	7	3.7
	某县 B 中学	16 130	11 277	180	0.7	16	11.2
	某县 C 中学	5 000	2 400	60	0.48	25	12
	某县 D 中学	20 000	6 000	100	0.3	16.7	5
某市	某县 A 中学	53 601.76	50 000	500	0.93	10.00	9.33
	某县 B 中学	45 164	38 552	400	0.85	10.38	8.86
	某县 C 中学	68 800	65 221	653	0.95	10.01	9.49
某市	某县 A 中学	87 000	90 140.8	618.67	1.04	6.86	7.11
	某县 B 中学	77 200	84 663	885	1.10	10.45	11.46
	某县 C 中学	131 300	147 415	1738.71	1.12	11.79	13.24

表 5-12　体育用地负荷密度调研指标

调查地区	调查对象	占地面积/m^2	建筑面积/m^2	最大负荷/kW	容积率	单位建筑面积负荷指标/（$W·m^{-2}$）	负荷密度指标/（$MW·km^{-2}$）
某市	某县体育中心	71 369	42 000	360	0.59	8.6	5
	某县 A 体育馆	12 768	17 862	669	1.4	37.5	52.4
	某县 B 体育馆	5 000	6 000	150	1.2	25	30
某市	某县活动中心	43 392	52 056	523	1.20	10.05	12.05
某市	某县体育馆	9 300	10 708	148.3	1.15	13.85	15.95
	某县体育场	98 300	20 001	28.91	0.20	1.45	0.29

经过参照对比，宁夏公共管理与公共服务设施用地负荷密度指标为15~96 MW/km²。

E. 仓储物流用地调研数据表如下。

表 5-13　仓储物流用地负荷密度调研指标

调查地区	调查对象	占地面积/m^2	建筑面积/m^2	最大负荷/kW	容积率	单位建筑面积负荷指标/（$W·m^{-2}$）	负荷密度指标/（$MW·km^{-2}$）
某市	某县物流港	999 000	40 000	756	0.04	18.9	0.8
某市	某县物流公司	335 664	404 959	2150	1.21	5.31	6.41
	某县物流园	383 616	454 586	2365	1.19	5.20	6.17
	某县仓储公司	471 528	575 438	2959	1.22	5.14	6.28

经过参照对比，宁夏仓储物流用地负荷密度指标 5~6 MW/km²。

F. 公用设施用地调研数据表如下。

表 5-14 公用设施用地负荷密度调研指标

调查地区	调查对象	占地面积/m^2	建筑面积/m^2	最大负荷/kW	容积率	单位建筑面积负荷指标/($W\cdot m^{-2}$)	负荷密度指标/($MW\cdot km^{-2}$)
某市	某县水务局	28 912	43 235	654.00	1.50	15.13	22.62
	某县建设管理局	36 800	55 484	841	1.51	15.16	22.85
	某县公共事业管理所	32 544	50 000	745	1.54	14.9	22.89
某市	某县供水公司	34 400	40 133	123	1.17	3.06	3.58
	某县气象观测站	9 000	9 112	17	1.01	1.87	1.89

经过参照对比，宁夏公用设施用地负荷密度指标为 14~23 MW/km^2。

5.3.2.3 新型负荷分析

(1)新型负荷特性分析

①电动汽车。

在商业区内，电动汽车在该区域内的流动更为灵活。商业区主要包括金融机构、商场、餐饮服务业、宾馆等，因此包含一定数量上班到达车辆以及一定数量的社会流动车辆，均有可能在商业区进行充电，因此将商业区的电动汽车为分为 2 部分。在工业园区，由于部分工厂采用 3 班制、4 班制等作息方法，因此在 24 h 内会存在多个车辆到达高峰。在学校集中区域(大学城)，电动汽车用户主要为高校教师、工作人员。由于高校上课时间分散、教师往返不同校区之间等因素，大学城的汽车到达时间分布会更加均匀，但同样会在 8:00—9:00 和 14:00—15:00 2 个上班到达时段出现高峰。

综合以上，得到各个特定区域车辆行为特性如下表所示。

在进行充电桩负荷预测时，对于社会停车场及公交场站，可以依据当地规划部门制订的公共充电基础设施布局规划，参考规划区停车场配建的充电桩规模，社会停车场充电桩功率按 60 kW/桩计，同时率取 0.6，公交场站按 120 kW/桩计，同时率取 0.8，进行充电桩负荷预测。对于商业或居民小区内配建的充电桩，可以依据控制性详细规划文件中各地块规划的总车位数量，结合地方实际，按照适当

表 5-15　各个特定区域车辆行为特性

类别	到达高峰时段(时刻)	非高峰时段特性	补充说明
商业区（上班到达车辆）	7:30 和 8:30	没有车辆到达	到达时间服从高峰时段内的均匀分布
商业区(流动车辆)	11:00—13:00，17:00—19:00	持续有较多车辆到达	行驶里程与到达时间正相关
工业园区(三班制)	0:00,8:00,16:00	没有车辆到达	高峰时段为所列举时刻的前 30 min
工业园区(四班制)	0:00,6:00,12:00,18:00	没有车辆到达	高峰时段为所列举时刻的前 30 min
学校集中区域	8:00—9:00,14:00—15:00	持续有较少车辆到达	无

的比例估算充电桩的远景规模。居民小区配建充电桩按慢充 7 kW/桩,同时率暂取 1,商业配建充电桩按快充 60 kW/桩,同时率取 0.8,进行充电桩负荷的预测。随着电动汽车充电技术的不断革新,充电功率在现有水平上可能有较大提升,规划时应当留有一定裕度。

②煤改电

根据《城镇供热管网设计规范》CJJ 34—2010 单位面积供热负荷,我国西北、东北地区采暖热指标(集中供暖)、空调热指标推荐值如下表所示。

表 5-16　采暖热指标推荐值

单位：W/m²

建筑物类型	采暖热指标 qf	
	未采取节能措施	采取节能措施
住宅	58~64	40~45
居住区综合	60~67	45~55
学校、办公	60~80	50~70
医院、托幼	65~80	55~70
旅馆	60~70	50~60
商店	65~80	55~70

续表

建筑物类型	采暖热指标 qf	
	未采取节能措施	采取节能措施
食堂、餐厅	115~140	100~130
影剧院、展览馆	95~115	80~105
大礼堂、体育馆	115~165	100~150

注:表中数值适用于我国东北、华北、西北地区;热指标中已包括约5%的管热损失

电采暖负荷受用地性质和外界温度变化而发生变化,不同用地负荷特征如下表所示。

表 5–17 不同用地负荷特征

用地性质	居民类	商业类	学校类
负荷特征	设定老旧居民小区面积约 10 000 m^2,负荷以生活用电为主,冬季日负荷特性主要表现为早中晚做饭时间负荷高、白天低、夜晚高特点,节假日负荷增加明显	商业类建筑 10 000 m^2,商场营业时间 9:00—21:00,负荷为白天高、夜晚低特点	学校教学楼面积为 10 000 m^2。负荷主要集中在上课期间(8:30—18:00,共 9.5 h),寒假为 40 天。负荷特点鲜明,日负荷白天高、夜间低、峰谷差明显,节假日负荷基本维持少量的负荷

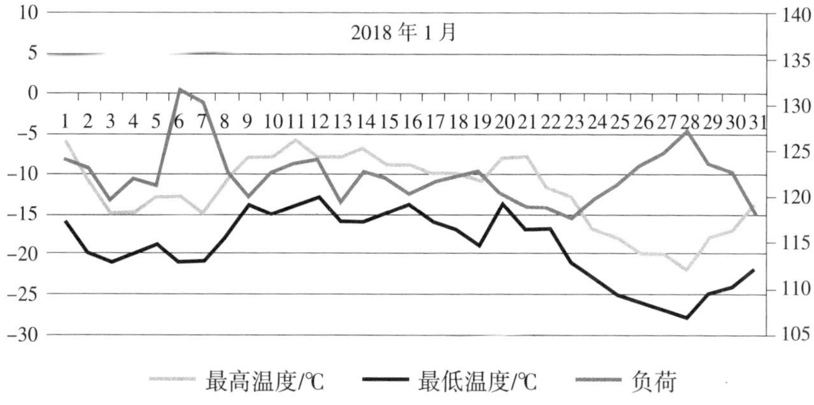

图 5–2 电采暖负荷随着温度变化曲线

蓄热式电锅炉因具有“削峰填谷”的经济作用而成为“煤改电”发展的主要方向，因具有同时率高的特性，“煤改电”负荷特性即为蓄热电锅炉运行特性。

通过调研蓄热电锅炉参数，锅炉额定容量运行参数为：高压加热 7~8 h，持续 24 h 放热；通常情况下，采暖期间燃煤锅炉折合成满功率运行条件下每天平均约运行 7~8 h。通过计算可知，每小时耗煤量约为 0.16 t，采暖期按 150 天考虑，则采暖期间 1 蒸吨燃煤锅炉耗煤量为 168~192 t。

（2）新型负荷对负荷密度指标的影响

近年来，电动汽车及电采暖的普及程度逐年提高，居民小区、大型商场和公共设施、学校等均配建充电桩及逐步采用电采暖，新型负荷对负荷预测的影响在不断增大，但在传统的负荷密度指标中，并未考虑新型负荷的影响。本节主要研究电动汽车、电采暖等新型负荷对负荷密度指标的影响，到达提升预测精准度，保障方案合理性与适用性的目的。

①新型负荷对用地类别的影响：电动汽车的充电场景是在公交场站/变电站址等公共设施区域、居住小区/寓所、办公区域、商业区、工业园区、学校聚集区（大学城）等不同环境下可以充电，主要对居住/商住类、商业类、工业类、教育类、交通设施类等用地类型的负荷密度有较大影响；电采暖的应用场景主要是在居民小区、学校及商业区域，主要对居住类、教育类、商业类、工业类等用地类型的负荷密度有较大影响。

②分析方法：根据负荷特性的承载法进行研究，在分析各类型用地负荷特性的基础上，再研究新型负荷运行特性，相同周期叠加，给出对不同类型用地单位面积最大负荷的影响程度。

A. 电动汽车负荷的影响程度。

目前，电动汽车充电设施的功率从交流慢充的 7 kW、10 kW，到直流快充的 30 kW、60 kW、120 kW 大小不等。根据国务院办公厅 2015 年 10 月发布的《关于加快电动汽车充电基础设施建设的指导意见》，新建住宅配建停车位、大型公共建筑物配建停车场、社会公共停车场建设或预留建设充电设施安装条件的车位比例分别为 100%、10%、10%。这意味着配网规划时，电动汽车充电设施将是不可忽视的一类负荷。

B. 电采暖负荷的影响程度。

电采暖根据安装地点及规模不同可以分为分散式、集中式 2 种，但对用户的采暖负荷的计算主要按照单位面积供热负荷进行测算。单位面积供热负荷一方面直接受到室外温度的影响，另一方面也与建筑类型、建筑保温质量、电采暖方式等因素有关。

基于对新型负荷特性的分析，研究新型负荷接入对于配电网负荷预测的影响程度，对负荷密度指标进行调整，下表为调整系数的推荐取值范围。

表 5-18　新型负荷接入后负荷密度指标调整系数取值范围

类别	调整系数取值范围
电动汽车	1~1.1
煤改电	1.1~1.3

5.3.2.4　负荷预测指标选取结果

根据宁夏本地区及国内其他城市调研结果，对比国家电网公司各类用地性质负荷密度指标，确定宁夏各类用地区块饱和年负荷密度指标如下表所示。

表 5-19　宁夏高质量配电网规划负荷密度指标建议值

用地名称				指标说明	负荷密度/($MW\cdot km^{-2}$) 低方案	负荷密度/($MW\cdot km^{-2}$) 中方案	负荷密度/($MW\cdot km^{-2}$) 高方案	需用系数	调整系数 电动汽车	调整系数 煤改电
R	居住用地（以小区为单位）	R1	一类居住用地	公用设施、交通设施和公共服务设施齐全、布局完整、环境良好的低层住区用地	25	30	35	0.35~0.6	1.1	1.3
		R2	二类居住用地	公用设施、交通设施和公共服务设施较齐全、布局较完整、环境良好的多、中、高层住区用地	15	20	25	0.35~0.6	1.05	1.2
		R3	三类居住用地	公用设施、交通设施不齐全，公共服务设施较欠缺，环境较差，需要加以改造的简陋住区用地，包括危房、棚户区、临时住宅等用地	10	12	15	0.35~0.6	1	1.1

续表

用地名称				指标说明	负荷密度/（MW·km^{-2}）			需用系数	调整系数	
					低方案	中方案	高方案		电动汽车	煤改电
A	公共管理与公共服务用地（以用户为单位）	A1	行政办公用地	党政机关、社会团体、事业单位等机构及其相关设施用地	35	45	55	0.5~0.7	1.05	1.1
		A2	文化设施用地	图书、展览等公共文化活动设施用地	30	35	55	0.5~0.7	1.05	1.2
		A3	教育用地	高等院校、中等专业学校、中学、小学、科研事业单位等用地，包括为学校配建的独立地段的学生生活用地	20	30	40	0.5~0.7	1.05	1.2
		A4	体育用地	体育场馆和体育训练基地等用地，不包括学校等机构专用的体育设施用地	20	30	40	0.5~0.7	1.05	1
		A5	医疗卫生用地	医疗、保健、卫生、防疫、康复和急救设施等用地	30	35	50	0.5~0.7	1.05	1.2
		A6	社会福利设施用地	为社会提供福利和慈善服务的设施及其附属设施用地，包括福利院、养老院、孤儿院等用地	25	35	45	0.5~0.7	1.05	1.1
		A7	文物古迹用地	具有历史、艺术、科学价值且没有其他使用功能的建筑物、构筑物、遗址、墓葬等用地	25	35	45	0.5~0.7	1.05	1
		A8	外事用地	外国驻华使馆、领事馆、国际机构及其生活设施等	25	35	45	0.5~0.7	1.05	1.1
		A9	宗教设施用地	宗教活动场所用地	25	35	45	0.5~0.7	1.05	1.1
B	商业设施用地（以用户为单位）	B1	商业设施用地	各类商业经营活动及餐饮、旅馆等服务业用地	40	50	60	0.6~0.9	1	1.05
		B2	商务设施用地	金融、保险、证券、新闻出版、文艺团体等综合性办公用地	40	50	60	0.6~0.9	1	1.05
		B3	娱乐康体用地	各类娱乐、康体等设施用地	40	50	60	0.6~0.9	1	1.05

续表

用地名称				指标说明	负荷密度/（MW·km^{-2}）			需用系数	调整系数	
					低方案	中方案	高方案		电动汽车	煤改电
B	商业设施用地（以用户为单位）	B4	公用设施营业网点用地	零售加油、加气、电信、邮政等公用设施营业网点用地	25	30	45	0.6~0.9	1	1.05
		B9	其他服务设施用地	业余学校、民营培训机构、私人诊所、宠物医院等其他服务设施用地	25	30	45	0.6~0.9	1	1.05
M	工业用地（以用户为单位）	M1	一类工业用地	对居住和公共环境基本无干扰、污染和安全隐患的工业用地	25	28	30	0.7~0.9	1.05	1
		M2	二类工业用地	对居住和公共环境有一定干扰、污染和安全隐患的工业用地	28	32	35	0.7~0.9	1.05	1
		M3	三类工业用地	对居住和公共环境有严重干扰、污染和安全隐患的工业用地	35	38	40	0.7~0.9	1.05	1
W	仓储用地（以用户为单位）	W1	一类物流仓储用地	对居住和公共环境基本无干扰、污染和安全隐患的物流仓储用地	5	12	20	0.6~0.8	1.1	1
		W2	二类物流仓储用地	对居住和公共环境有一定干扰、污染和安全隐患的物流仓储用地	5	12	20	0.6~0.8	1.1	1
		W3	三类物流仓储用地	存放易燃、易爆和剧毒等危险品的专用仓库用地	10	15	20	0.6~0.8	1.1	1
S	交通设施用地	S1	城市道路用地	快速路、主干路、次干路和支路用地，包括其交叉路口用地，不包括居住用地、工业用地等内部配建的道路用地	1.5	1.5	1.5	1	1	1

续表

用地名称				指标说明	负荷密度/（MW·km⁻²）			需用系数	调整系数	
					低方案	中方案	高方案		电动汽车	煤改电
S	交通设施用地	S2	轨道交通线路用地	轨道交通地面以上部分的线路用地	1.5	1.5	1.5	1	1	1
		S3	综合交通枢纽用地	铁路客货运站、公路长途客货运站、港口客运码头、公交枢纽及其附属用地	2	2	2	1	1	1
		S4	交通场站用地	静态交通设施用地，不包括交通指挥中心、交通队用地	1.5	1.5	1.5	1	1	1
		S9	其他交通设施用地	除以上之外的交通设施用地，包括教练场等用地	1.5	1.5	1.5	1	1	1
U	公用设施用地	U1	供应设施用地	供水、供电、供燃气和供热等设施用地	10	20	30	0.35~0.6	1	1
		U2	环境设施用地	雨水、污水、固体废物处理和环境保护等的公用设施及其附属设施用地	10	20	30	0.35~0.6	1	1
		U3	安全设施用地	消防、防洪等保卫城市安全的公用设施及其附属设施用地	10	20	30	0.35~0.6	1	1
		U9	其他公用设施用地	除以上之外的公用设施用地，包括施工、养护、维修设施等用地	10	20	30	0.35~0.6	1	1
G	绿地	G1	公共绿地	向公众开放，以游憩为主要功能，兼具生态、美化、防灾等作用的绿地	1	1	1	1	1	1
		G2	防护绿地	城市中具有卫生、隔离和安全防护功能的绿地，包括卫生隔离带、道路防护绿地、城市高压走廊绿带等	1	1	1	1	1	1
		G3	广场用地	以硬质铺装为主的城市公共活动场地	1.5	1.5	1.5	1	1	1
特殊用地		D	特殊用地	军事用地、保安用地	18	20	25	0.35~0.6	1	1

注：各类用地性质内容和代码依据《城市用地分类与规划建设用地标准》；需用系数选取范围摘录于《工业与民用建筑供电设计标准》

5.3.3 分区分压网供负荷预测

分电压等级网供负荷预测可根据同一电压等级公用变压器的总负荷、直供用户负荷、自发自用负荷、变电站直降负荷、分布式电源接入容量等因素综合计算得到。分压负荷预测基于总量负荷预测结果，根据电力平衡的原则，结合不同电压层级负荷的供入与供出，逐层级计算。

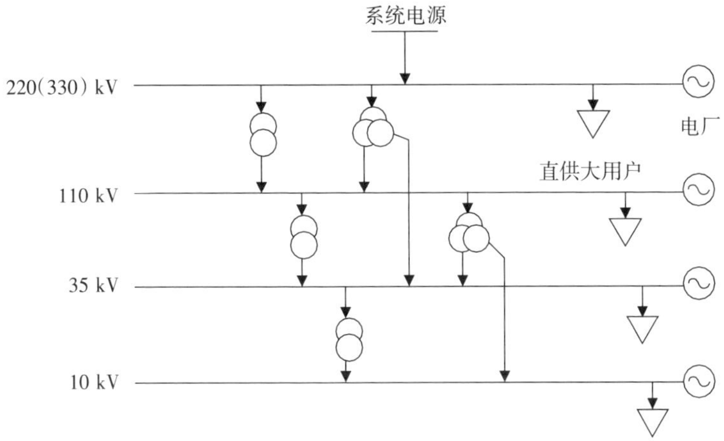

图 5-3 分压负荷预测示意图

110 kV 网供负荷=全社会最大用电负荷-电厂厂用电-110 kV 及以上电网直供负荷(含炉变负荷)-220(330) kV 直降 35 kV 和 10 kV 负荷-110 kV 公用变电站 35 kV 及以下上网且参与电力平衡发电负荷。

根据上式，110 kV 网供负荷主要通过列表的方式进行计算，如下表所示。

表 5-20 110 kV 分年度网供负荷预测示意表

单位:MW

项目	××年	××年	××年	××年	××年
(1)全社会最大用电负荷					
(2)电厂厂用电					
(3)220 kV 及以上电网直供负荷(含炉变负荷)					
(4)110 kV 电网直供负荷(含炉变负荷)					

续表

项目	xx年	xx年	xx年	xx年	xx年
(5)220(330) kV 直降 35 kV 负荷					
(6)220(330) kV 直降 10 kV 负荷					
(7)110 kV 公用变电站 35 kV 及以下上网且参与电力平衡发电负荷					
(8)110 kV 网供负荷					

注:(8)=(1)-(2)-(3)-(4)-(5)-(6)-(7)

35 kV 网供负荷=全社会最大用电负荷-电厂厂用电-35 kV 及以上电网直供负荷(含炉变负荷)-220(330) kV 和 110 kV 直降 10 kV 负荷-35 kV 公用变电站 10 kV 侧上网且参与电力平衡的发电负荷。

根据上式,35 kV 网供负荷主要通过列表的方式进行计算,如下表所示。

表 5-21　35 kV 分年度网供负荷预测示意表

单位:MW

项目	xx年	xx年	xx年	xx年	xx年
(1)全社会最大用电负荷					
(2)电厂厂用电					
(3)35 kV 及以上电网直供负荷(含炉变负荷)					
(4)220(330) kV 直降 10 kV 负荷					
(5)110 kV 直降 10 kV 负荷					
(6)35 kV 公用变电站 10 kV 侧上网且参与电力平衡的发电负荷					
(7)35 kV 网供负荷					

注:(7)=(1)-(2)-(3)-(4)-(5)-(6)

10 kV 总负荷=220（330）kV 公用变电站 10 kV 侧变电负荷+110 kV 公用变电站 10 kV 侧变电负荷+35 kV 公用变电站 10 kV 侧变电负荷+10 kV 电源上网电力;10 kV 网供负荷=10 kV 总负荷-10 kV 专线用户负荷-接入公用电网的 400 V

电源。

根据上式,10 kV 网供负荷主要通过列表的方式进行计算,如下表所示。

表 5-22 10 kV 分年度网供负荷预测示意表

单位:MW

项目	xx年	xx年	xx年	xx年	xx年
(1)10 kV 总负荷					
(2)220(330) kV 公用变电站 10 kV 侧变电负荷					
(3)110 kV 公用变电站 10 kV 侧变电负荷					
(4)35 kV 公用变电站 10 kV 侧变电负荷					
(5)10 kV 电源上网电力					
(6)10 kV 专线用户负荷					
(7)接入公用电网的 400 V 电源					
(8)10 kV 网供负荷					

注:(1)=(2)+(3)+(4)+(5);(8)=(1)-(6)-(7)

5.3.4 负荷预测方法选取

一般而言,省级和地市级负荷属于由近及远、自上而下的预测,网格和规划区负荷属于由远及近、自下而上的预测。基于不同负荷预测方法的准确性及适应性,不同规划区应选取不同的预测方法进行预测, 从而确定规划区未来负荷发展,合理规划配电网建设。

目前,宁夏省级配网规划负荷预测采用的方法有回归分析法、弹性系数法、最大负荷利用小时数法、人均用电量法等;地市(县)级公司配电网规划负荷预测采用的方法有最大负荷利用小时数法、回归分析法、产值单耗法、弹性系数法、年均增长率法等。

通过以上方法的优缺点、适用性分析,结合各地区经济社会发展、负荷发展,给出推荐方法。

表 5-23 负荷预测方法对比表

预测方法	优、缺点	适用
空间负荷密度法	优点:方法简单,便于采用 缺点:需要详细的土地利用数据(土地利用图和平衡表)	适用于地区饱和负荷预测
弹性系数法	优点:适合宏观预测,对于数据需求相对较少 缺点：不能反映用电量构成要素的变化情况,对于小范围地区,历史数据差异大,预测结果不准确	一般用于中、长期预测
产值用电单耗法	优点:方法简单,对短期负荷预测效果较好 缺点:计算笼统,难以反映经济、政治、气候等条件的影响	比较适用于有单耗指标的工业和部分农业负荷
平均增长率法	优点:所需历史数据少,计算简单 缺点:受宏观经济影响,影响增长率的主观判断	一般用于负荷变化规律性较强的短、中期预测
回归分析法	优点：方法利用 excel 处理简单,便于采用，结合因变量分析预测相对准确 缺点：历史数据周期长预测才能相对准确,随机因素影响大,预测相对难度高	适用于短期和中长期预测,预测地区电力发展较为平稳,地方没有大的产业调整
综合用电水平法	优点:计算简单,易于操作 缺点：预测结果受人口因素影响显著	一般适用于短、中期负荷预测
最大负荷利用小时数法	优点:计算简单,易于操作 缺点：年最大利用小时受宏观经济影响较大	一般用于中、长期预测
自然增长加大用户法	优点:简单直接 缺点:需要精确收集大用户资料	适用于近期负荷预测
S 型曲线法	优点:方法简单,便于采用,结果有一定的误差 缺点：需要判断项目处于哪段时期和周期长度,需要大数据积累	适用于点负荷,常用作大用户或没有用地规划的开发区负荷预测

(1)从空间层面来看,分为省级、地市(县)级、网格化/区域化

省级负荷预测：省级负荷预测重点从宏观层面分析全省的负荷发展趋势,应结合省级历史负荷数据、经济数据以及全省综合要素等进行预测。因此推荐选取回归分析法、弹性系数法、最大负荷利用小时数等方法进行预测。

地市(县)级负荷预测:不同于省级的宏观调控,各地市(县)负荷特性千差万别,单纯地利用省级历史负荷数据会产生较大误差,需多方面考虑影响负荷的社会、经济、环境等因素。因此各地市(县)负荷预测推荐产值单耗法、回归分析预测、最大负荷利用小时数法、自然增长加大用户法等方法进行预测。

网格化、区域规划负荷预测:网格化、区域规划是以城市总体规划为参考,在确定规划区内土地利用性质及面积的基础上,预测规划区内负荷。因此网格化、区域规划宜选取空间负荷密度法进行饱和年负荷预测,并结合 S 型曲线预测近期负荷。

(2)从时间层面来看,分为近期、中期、远期

近期负荷预测:推荐采用 S 形曲线法、回归分析法、产值单耗法、年均增长率法等方法。

中期负荷预测:推荐采用产值单耗法、回归分析法、年均增长率法等方法。

远期负荷预测:推荐采用弹性系数法、人均用电量法、空间负荷密度法等方法。

对于新型负荷(电动汽车、电采暖等)、工业大用户影响较大的地市,需考虑其负荷波动对负荷发展的影响,可采用自然增长加大用户法进行负荷预测。

在实际应用中,结合历史数据、外界环境因素的影响等,建议采用 2~3 种负荷预测方法作为主推方法进行预测,采用一种方法进行校验,多方法应用,最后综合得出较为精准的负荷预测结果值。

表 5-24　宁夏负荷预测方法推荐表

类别	主推预测方法	校验方法
全省负荷预测	回归分析法	人均电量法
	弹性系数法	
	最大负荷利用小时数法	
地市(县)级负荷预测	产值单耗法	
	回归分析法	
	最大负荷利用小时数	
	自然增长加大用户法	
网格化、区域规划负荷预测	空间负荷密度法——饱和年负荷预测	人均电量法、横向对比法
	S 形曲线法——近期负荷	
	自然增长加大用户法	

5.4　预测流程及要求

本节讲述负荷预测的整体流程,并根据规划工作需要,详细介绍了近期、远期和全域网格化负荷预测 3 种预测流程及要求。

5.4.1　预测整体流程

配电网规划负荷预测工作程序依次为工作目标确定、收资与调查、负荷分析与预测、提出结论与建议,流程如下:

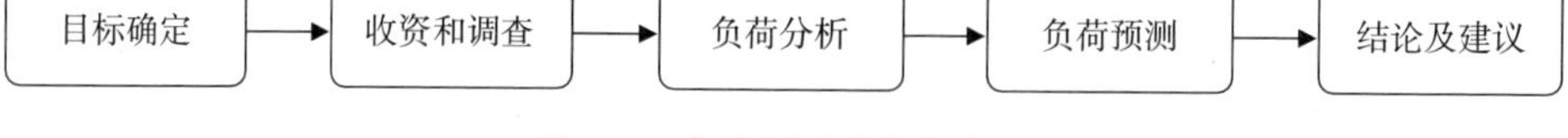

图 5-4　负荷预测的整体流程

(1)工作目标确定

配电网规划负荷预测的工作目标包含确定预测年限、预测范围和预测内容。

(2)收资与调查

收资与调查对象包括经济社会发展情况和发展规划、地区发展规划、电力需求和负荷特性情况以及业扩用户情况等。

(3)负荷分析与预测

选择适用的规划方法,确定合理的预测参数,提出多个预测方案,并综合分析,得出负荷预测的最终结果。

(4)结论及建议

结论及建议是对本次规划负荷预测结果的汇总和总结。

5.4.2 近期负荷预测

近期电网规划负荷预测工作收资与调查对象包括经济社会发展情况、电力需求和负荷特性情况以及地区发展规划等,如下表所示:

表 5-25 近期负荷预测工作收资与调查表

<table>
<tr><th>时间</th><th>类别</th><th>内容</th><th>来源</th></tr>
<tr><td rowspan="10">历史年</td><td rowspan="4">地区概况</td><td>地理位置</td><td rowspan="7">各省市及各区(县)统计局</td></tr>
<tr><td>土地面积</td></tr>
<tr><td>行政区域</td></tr>
<tr><td>气候条件</td></tr>
<tr><td rowspan="3">经济社会</td><td>地区生产总值、各产业增加量</td></tr>
<tr><td>工业和重点行业的生产总值</td></tr>
<tr><td>人口规模</td></tr>
<tr><td rowspan="2">电力需求</td><td>用(售)电量、各产业用(售)电量</td><td rowspan="3">SCADA 系统、营销系统</td></tr>
<tr><td>最高负荷、各区域各电压等级最高负荷</td></tr>
<tr><td>负荷特性</td><td>日负荷特性、月负荷特性和年负荷特性</td></tr>
<tr><td rowspan="3">目标年</td><td rowspan="3">经济社会</td><td>地区生产总值</td><td rowspan="3">地区中长期规划纲要、地区总体规划</td></tr>
<tr><td>各产业增加值</td></tr>
<tr><td>人口规模</td></tr>
</table>

适用于近期电网规划负荷预测的常用方法主要有以下几种:电力消费弹性系数法、产值单耗法、年均增长率法、线性回归法、最大负荷利用小时数法等。工作流

程如下：

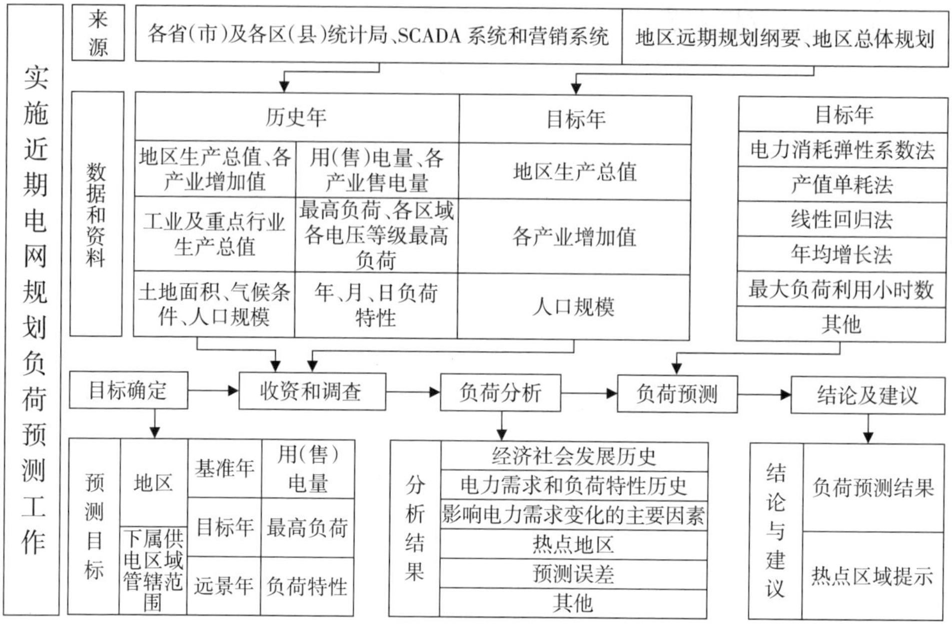

图 5-5　近期负荷预测工作流程

5.4.3　远期负荷预测

根据地区发展规划，进行规划区远期负荷预测。远期负荷预测是规划人员编制远期配电网规划时的指导依据，其工作收资与调查对象包括经济社会发展情况、电力需求发展情况和发展规划等，见下表。

表 5-26　远期负荷预测工作收资与调查表

时间	类别	内容	来源
历史年	经济社会	地理位置	各省市及各区(县)统计局
		气候条件	
		人口规模	
		地区生产总值、各产业增加量	
		工业和重点行业的生产总值	
	电力需求	最高负荷	SCADA 系统、营销系统

续表

时间	类别	内容	来源
目标年	发展规划	面积	区域总体规划、区域控制性详细规划
		人口规模	
		功能定位	
		技术经济指标表	
		规划用地平衡表	

适用于远期规划负荷预测的常用方法主要有负荷密度(指标)法、人均电量法等。工作流程如下：

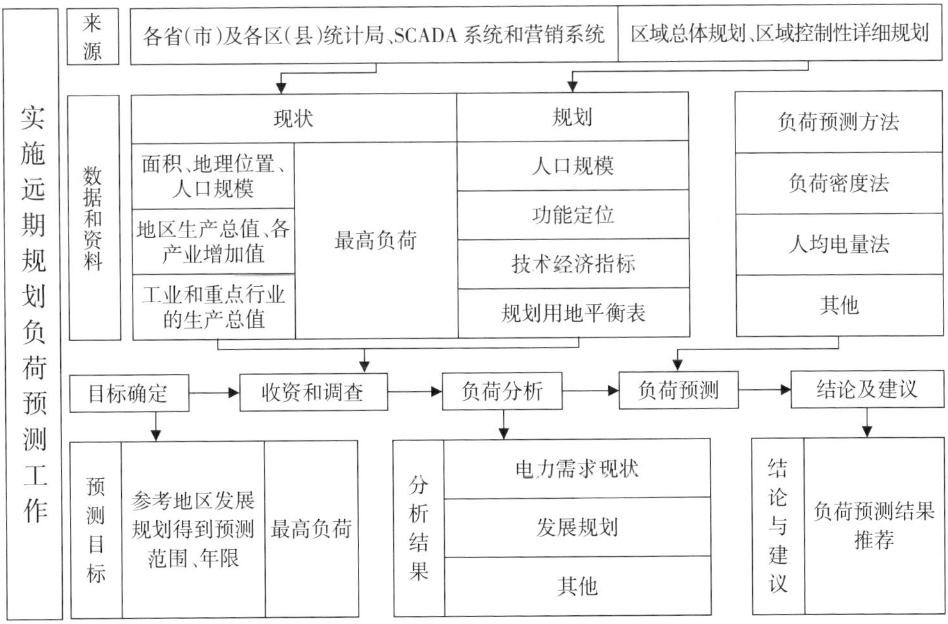

图 5-6 远期负荷预测工作流程

5.4.4 全域网格化负荷预测

全域网格化负荷预测主要采用地区内所有网格预测负荷累加方式进行负荷预测，其中有土地利用性质和城市总规的 C 类及以上供电区域网格采用空间负荷密度法进行预测；无土地利用性质和城市总规的 D 类供电区域采用自然增长加大用户法进行预测；累加本地区所有网格负荷预测结果，得出全域网格化负荷预测结果。

6 配电网规划主要技术要求

6.1 规划目标

6.1.1 高质量配电网规划指标选取

本手册结合宁夏配电网发展实际，从安全可靠、优质高效、绿色低碳、智能互

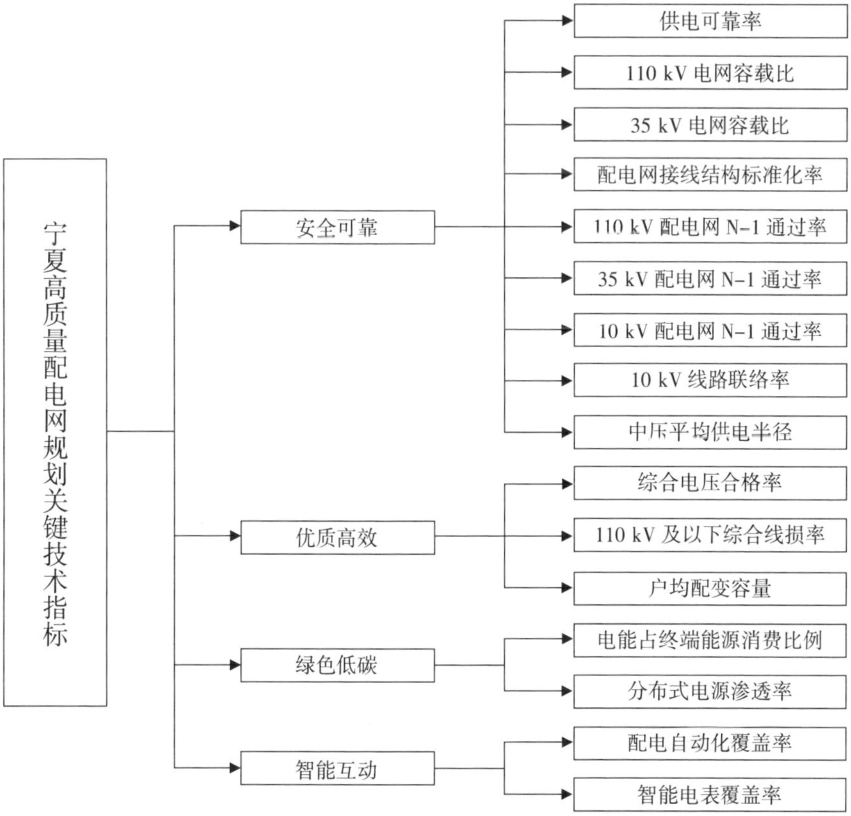

图 6-1 宁夏高质量配电网规划关键技术指标体系

动4个维度选取与规划关联度较高的16项指标形成宁夏高质量配电网规划关键技术指标体系。

6.1.2 宁夏高质量配电网关键技术指标规划目标

宁夏高质量配电网关键技术指标是在深入分析宁夏配电网现状水平及发展定位的基础上，综合对标国家电网27家省公司规划发展目标，制定符合宁夏配电网高质量发展的规划指标。

宁夏高质量配电网关键技术指标规划目标如下表所示：

表6-1 宁夏高质量配电网关键技术指标规划目标

序号	指标		供电分区						
			合计	A	B城	B农	C城	C农	D
1	安全可靠	供电可靠率/%	99.98	99.991	99.978	99.975	—	99.948	99.915
2		110 kV电网容载比	2	1.92	1.98	2.15	—	1.93	2.1
3		35 kV电网容载比	2	—	—	—	—	2.14	2.02
4		配电网接线结构标准化率/%	100	100	100	100	—	100	100
5		110 kV配电网N–1通过率/%	100	100	100	100	—	100	100
6		35 kV配电网N–1通过率/%	100	—	—	—	—	100	100
7		10 kV线路N–1通过率/%	92.45	100	100	100	—	96.58	79.9
8		10 kV线路联络率/%	100	100	100	100	—	100	100
9		10 kV线路平均供电半径/km	8.55	2.97	3.23	3.92	—	6.28	12.07
10	优质高效	综合电压合格率/%	99.975	99.98	99.978	99.97	—	99.907	99.86
11		110 kV及以下综合线损率/%	3.3	4.07	2.986	3.001	—	2.634	5.124
12		户均配变容量(kVA/户)	3.25	3.55	3.48	3.05	—	2.76	2.27
13	绿色低碳	分布式电源渗透率/%	3.5	—	—	—	—	—	—
14		电能占终端能源消费比例/%	39.53	—	—	—	—	—	—
15	智能互动	配电自动化覆盖率/%	100	100	100	100	—	100	100
16		智能电表覆盖率/%	100	100	100	100	—	100	100

6.2 电压序列

电压序列选择应遵循以下原则:

①配电网电压等级的选择应符合《标准电压》GB/T 156—2017 的规定。

②配电网应优化配置电压序列,简化变压层次,避免重复降压。

③配电网主要电压序列如下:

A. 110/10/0.38 kV;

B. 66/10/0.38 kV;

C. 35/10/0.38 kV;

D. 110/35/10/0.38 kV;

E. 35/0.38 kV。

④配电网电压序列选择应与输电网电压等级相匹配,市(县)以上规划区域的城市电网、负荷密度较高的县城电网可选择 A 或 B 或 C 电压等级序列,乡村地区可增加 D 电压等级序列,偏远地区经技术经济比较也可采用 E 电压等级序列。

⑤中压配电网中 10 kV 与 20 kV、6 kV 电压等级的供电范围不得交叉重叠。

宁夏配电网目前采用 110 kV/35 kV/10 kV/0.4 kV 4 级变电层次和 110 kV/10 kV/0.4 kV 3 级变电层次,结合电压序列选择原则以及宁夏配电网规划的技术特点,给出宁夏电网各供电分区电压等级序列。

表 6-2 各分区电压等级列表

供电分区	电压等级
A、B(城)、B(农)	220(330) kV/110 kV/10 kV/0.4 kV
C(农)、D	220(330) kV/110 kV/10 kV/0.4 kV 220(330) kV/110 kV/35 kV/10 kV/0.4 kV

根据经济发展和负荷密度，优化发展 110 kV 网架，合理建设 35 kV 网架。35 kV 电网的建设原则:城市电网取消 35 kV,农村电网合理增加 35 kV 布点,减少 10 kV 线路长距离供电、迂回供电,有效解决线路末端低电压等问题。

6.3 供电安全准则

各供电分区供电安全准则应遵循以下原则：

A、B、C 类供电区域高压配电网及中压主干线应满足“N-1”原则。“N-1”停运后的配电网供电安全水平应符合 DL/T 256 的要求。配电网供电安全标准的一般原则为：接入的负荷规模越大、停电损失越大，其供电可靠性要求越高、恢复供电时间要求越短。根据组负荷规模的大小，配电网的供电安全水平可分为三级，如表 6-3 所示。各级供电安全水平要求如下：

（1）第一级供电安全水平要求

①对于停电范围不大于 2 MW 的组负荷，允许故障修复后恢复供电，恢复供电的时间与故障修复时间相同。

②该级停电故障主要涉及低压线路故障、配电变压器故障，或采用特殊安保设计（如分段及联络开关均采用断路器，且全线采用纵差保护等）的中压线段故障。停电范围仅限于低压线路、配电变压器故障所影响的负荷、或特殊安保设计的中压线段，中压线路的其他线段不允许停电。

③该级标准要求单台配电变压器所带的负荷不宜超过 2 MW，或采用特殊安保设计的中压分段上的负荷不宜超过 2 MW。

（2）第二级供电安全水平要求

①对于停电范围在 2~12 MW 的组负荷，其中不小于组负荷减 2 MW 的负荷应在 3 h 内恢复供电；余下的负荷允许故障修复后恢复供电，恢复供电时间与故障修复时间相同。

②该级停电故障主要涉及中压线路故障，停电范围仅限于故障线路所供负荷，A 类供电区域的故障线路的非故障段应在 15 min 内恢复供电，B、C 类供电区域的故障线路的非故障段应在 3 h 内恢复供电，故障段所供负荷应小于 2 MW，可在故障修复后恢复供电。

③该级标准要求中压线路应合理分段，每段上的负荷不宜超过 2 MW，且线

路之间应建立适当的联络。

(3)第三级供电安全水平要求

①对于停电范围在12~180 MW的组负荷,其中不小于组负荷减12 MW的负荷或者不小于2/3的组负荷(两者取小值)应在15 min内恢复供电,余下的负荷应在3 h内恢复供电。

②该级停电故障主要涉及变电站的高压进线或主变压器,停电范围仅限于故障变电站所供负荷,其中大部分负荷应在15 min内恢复供电,其他负荷应在3 h内恢复供电。

③A类供电区域故障变电站所供负荷应在15 min内恢复供电;B、C类供电区域故障变电站所供负荷,其大部分负荷(不小于2/3)应在15 min内恢复供电,其余负荷应在3 h内恢复供电。

④该级标准要求变电站的中压线路之间宜建立站间联络,变电站主变及高压线路可按"N-1"原则配置。

表6-3 配电网的供电安全水平

供电安全等级	组负荷范围	对应范围	"N-1"停运后停电范围及恢复供电时间要求
第一级	≤2 MW	低压线路、配电变压器	维修完成后恢复对组负荷的供电
第二级	2~12 MW	中压线路	(1)3 h内:恢复(组负荷-2 MW) (2)维修完成后:恢复对组负荷的供电
第三级	12~180 MW	变电站	(1)15 min内:恢复负荷≥min(组负荷-12 MW,2/3组负荷) (2)3 h内:恢复对组负荷的供电

为了满足上述3级供电安全标准,配电网规划应从电网结构、设备安全裕度、配电自动化等方面综合考虑,为配电运维抢修缩短故障响应和抢修时间奠定基础。

B、C类供电区域的建设初期及过渡期以及D类供电区域,高压配电网存在单线单变,中压配电网尚未建立相应联络,暂不具备故障负荷转移条件时,可适当放宽标准，但应结合配电运维抢修能力，达到对外公开承诺要求。其后应根据负荷增长，通过建设与改造，逐步满足上述3级供电安全标准。

6.4 供电能力

容载比是110~35 kV电网规划中衡量供电能力的重要宏观性指标，合理的容载比与网架结构相结合，可确保故障时负荷的有序转移，保障供电可靠性，满足负荷增长需求。

容载比的确定应遵循以下原则。

①容载比的确定要考虑负荷分散系数、平均功率因数、变压器负载率、储备系数、负荷增长率、负荷转移能力等因素的影响。在配电网规划设计中一般可采用式(6-1)估算：

$$R_S=\frac{\sum S_{ei}}{P_{\max}} \tag{6-1}$$

式中，R_S为容载比，MVA/MW；$P_{\max}$为规划区域该电压等级的年网供最大负荷；$\sum S_{ei}$为规划区域该电压等级公用变电站主变容量之和。

②容载比计算应以行政区县或供电分区作为最小统计分析范围，对于负荷发展水平极度不平衡、负荷特性差异较大(供电分区最大负荷出现在不同季节)的地区宜按供电分区计算统计。容载比不宜用于单一变电站、电源汇集外送分析。

③根据行政区县或供电分区经济增长和社会发展的不同阶段，对应的配电网负荷增长速度可分为饱和、较慢、中等、较快四种情况，总体宜控制在1.5~2.0。不同发展阶段的110~35 kV电网容载比选择范围如表6-4所示，并符合下列规定：

A. 对处于负荷发展初期或负荷快速发展阶段的规划区域、需满足“N-1-1”安全准则的规划区域以及负荷分散程度较高的规划区域，可取容载比建议值上限。

B. 对于变电站内主变台数配置较多、中压配电网转移能力较强的区域，可取容载比建议值下限；反之可取容载比建议值上限。

④对于省级、地市级 110~35 kV 电网容载比，还应充分考虑各行政区县（供电分区）之间的负荷特性差异，确定负荷分散系数，合理选取控制范围。

表 6-4 行政区县或供电分区 110~35 kV 电网容载比选择范围

负荷增长情况	饱和期	较慢增长	中等增长	较快增长
年负荷平均增长率 K_P	$K_P \leq 2\%$	$2\% < K_P \leq 4\%$	$4\% < K_P \leq 7\%$	$K_P > 7\%$
110~35 kV 电网容载比（建议值）	1.5~1.7	1.6~1.8	1.7~1.9	1.8~2.0

6.5 供电质量及电压监测

6.5.1 供电质量

①供电质量主要包括供电可靠性和电能质量 2 个方面，配电网规划重点考虑供电可靠率和综合电压合格率 2 项指标。

②供电可靠性指标主要包括系统平均停电时间、系统平均停电频率等，宜在成熟地区逐步推广以终端用户为单位的供电可靠性统计。

③配电网规划应分析供电可靠性远期目标和现状指标的差距，提出改善供电可靠性指标的投资需求，并进行电网投资与改善供电可靠性指标之间的灵敏度分析，提出供电可靠性近期目标。

④配电网规划要保证网络中各节点满足电压损失及其分配要求，各类用户受电电压质量执行 GB/T 12325—2008 的规定：

A. 110~35 kV 供电电压正负偏差的绝对值之和不超过标称电压的 10%。

B. 10 kV 及以下三相供电电压允许偏差为标称电压的±7%。

C. 220 V 单相供电电压允许偏差为标称电压的+7%与-10%。

D. 对供电点短路容量较小、供电距离较长以及对供电电压偏差有特殊要求的用户，由供、用电双方协议确定。

6.5.2 电压监测

①电压偏差的监测是评价配电网电压质量的重要手段，应在配电网以及各电

压等级用户设置足够数量且具有代表性的电压监测点，配电网电压监测点设置应执行国家监管机构的相关规定。

②配电网应有足够的电压调节能力，将电压维持在规定范围内，主要有下列电压调整方式：

A. 通过配置无功补偿装置进行电压调节。

B. 选用有载或无载调压变压器，通过改变分接头进行电压调节。

C. 通过线路调压器进行电压调节。

③配电网近中期规划的供电质量目标应不低于公司承诺标准：城市电网平均供电可靠率应达到99.9%，居民客户端平均电压合格率应达到98.5%；农村电网平均供电可靠率应达到99.8%，居民客户端平均电压合格率应达到97.5%；特殊边远地区电网平均供电可靠率和居民客户端平均电压合格率应符合国家有关监管要求。各类供电区域达到饱和负荷时的规划目标平均值应满足表6-5的要求。

表6-5　饱和期供电质量规划目标

供电区域类型	平均供电可靠率	综合电压合格率
A	≥99.990%	≥99.97%
B	≥99.965%	≥99.95%
C	≥99.863%	≥98.79%
D	≥99.726%	≥97.00%

6.6　短路电流水平

配电网规划应从网架结构、电压等级、阻抗选择、运行方式和变压器容量等方面合理控制各电压等级的短路容量，使各电压等级断路器的开断电流与相关设备的动、热稳定电流相配合。变电站内母线正常运行方式下的短路电流水平不应超过表6-6中的对应数值，并符合下列规定。

①对于主变容量较大的 110 kV 变电站（40 MVA 及以上）、35 kV 变电站(20 MVA 及以上),其低压侧可选取表 6-6 中较高的数值,对于主变容量较小的 110~35 kV 变电站的低压侧可选取表 6-6 中较低的数值。

②220 kV 变电站 10 kV 侧无馈出线时,10 kV 母线短路电流限定值可适当放大,但不宜超过 25 kA。

表 6-6 各电压等级的短路电流限定值

电压等级	短路电流限定值/kA		
	A、B 类供电区域	C 类供电区域	D 类供电区域
110 kV	31.5、40	31.5、40	31.5
35 kV	31.5	25、31.5	25、31.5
10 kV	20	16、20	16、20

为合理控制配电网的短路容量,可采取以下主要技术措施:

①配电网络分片、开环,母线分段,主变分列。

②控制单台主变压器容量。

③合理选择接线方式(如二次绕组为分裂式)或采用高阻抗变压器。

④主变压器低压侧加装电抗器等限流装置。

对处于系统末端、短路容量较小的供电区域,可通过适当增大主变容量、采用主变并列运行等方式,增加系统短路容量,保障电压合格率。

6.7 中性点接地方式

中性点接地方式对供电可靠性、人身安全、设备绝缘水平及继电保护方式等有直接影响。配电网应综合考虑可靠性与经济性,选择合理的中性点接地方式。中压线路有联络的变电站宜采用相同的中性点接地方式,以利于负荷转供;中性点接地方式不同的配电网应避免互带负荷。

中性点方式应遵循以下原则。

①中性点接地方式一般可分为有效接地方式和非有效接地方式2大类，非有效接地方式又分不接地、消弧线圈接地和阻性接地。

A. 110 kV系统应采用有效接地方式，中性点应经隔离开关接地。

B. 35 kV、10 kV系统可采用不接地、消弧线圈接地或低电阻接地方式。

②35 kV架空网宜采用中性点经消弧线圈接地方式；35 kV电缆网宜采用中性点经低电阻接地方式，宜将接地电流控制在1 000 A以下。

③10 kV配电网中性点接地方式的选择应遵循以下原则：

A. 单相接地故障电容电流在10 A及以下，宜采用中性点不接地方式。

B. 单相接地故障电容电流超过10 A且小于100~150 A，宜采用中性点经消弧线圈接地方式。

C. 单相接地故障电容电流超过100~150 A以上，或以电缆网为主时，宜采用中性点经低电阻接地方式。

④10 kV配电设备应逐步推广一次、二次融合开关等技术，快速隔离单相接地故障点，缩短接地运行时间，避免人身触电事件。

⑤10 kV电缆和架空混合型配电网，如采用中性点经低电阻接地方式，应采取以下措施：

A. 提高架空线路绝缘化程度，降低单相接地跳闸次数。

B. 完善线路分段和联络，提高负荷转供能力。

C. 降低配电网设备、设施的接地电阻，将单相接地时的跨步电压和接触电压控制在规定范围内。

⑥消弧线圈改低电阻接地方式应符合以下要求：

A. 馈线设零序保护，保护方式及定值选择应与低电阻阻值相配合。

B. 低电阻接地方式改造，应同步实施用户侧和系统侧改造，用户侧零序保护和接地宜同步改造。

C. 10 kV配电变压器保护接地应与工作接地分开，间距经计算确定，防止变压器内部单相接地后低压中性线出现过高电压。

D. 根据电容电流数值并结合区域规划成片改造。

⑦配电网中性点低电阻接地改造时，应对接地电阻大小、接地变压器容量、接地点电容电流大小、接触电位差、跨步电压等关键因素进行相关计算分析。

⑧220/380 V 配电网主要采用 TN、TT、IT 接地方式，其中 TN 接地方式主要采用 TN-C-S、TN-S。用户应根据用电特性、环境条件或特殊要求等具体情况，正确选择接地方式，配置剩余电流动作保护装置。

6.8 无功补偿

宁夏配电网无功补偿和电压调整应遵循行业标准和国家电网公司《配电网规划设计技术导则》《中低压配电网改造技术导则》等相关规定要求。

①配电网规划需保证有功和无功的协调，电力系统配置的无功补偿装置应在系统有功负荷高峰和负荷低谷运行方式下，保证分（电压）层和分（供电）区的无功平衡。变电站、线路和配电台区的无功设备应协调配合，按以下原则进行无功补偿配置：

A. 无功补偿装置应根据分层分区、就地平衡和便于调整电压的原则进行配置，可采用变电站集中补偿和分散就地补偿相结合，电网补偿与用户补偿相结合，高压补偿与低压补偿相结合等方式。接近用电端的分散补偿装置主要用于提高功率因数，降低线路损耗；集中安装在变电站内的无功补偿装置主要用于控制电压水平。

B. 应从系统角度考虑无功补偿装置的优化配置，以利于全网无功补偿装置的优化投切。

C. 变电站无功补偿配置应与变压器分接头的选择相配合，以保证电压质量和系统无功平衡。

D. 对于电缆化率较高的地区，应配置适当容量的感性无功补偿装置。

E. 接入中压及以上配电网的用户应按照电力系统有关电力用户功率因数的要求配置无功补偿装置，并不得向系统倒送无功。

F. 在配置无功补偿装置时应考虑谐波治理措施。

G. 分布式电源接入电网后，原则上不应从电网吸收无功，否则需配置合理的无功补偿装置。

②110~35 kV 电网应根据网络结构、电缆所占比例、主变负载率、负荷侧功率因数等条件，经计算确定无功补偿配置方案。有条件的地区，可开展无功优化计算，寻求满足一定目标条件（无功补偿设备费用最小、网损最小等）的最优配置方案。

③110~35 kV 变电站一般宜在变压器低压侧配置自动投切或动态连续调节无功补偿装置，使变压器高压侧的功率因数在高峰负荷时不应低于 0.95，在低谷负荷时不应高于 0.95，无功补偿装置总容量应经计算确定。对于有感性无功补偿需求的，可采用静止无功发生器（SVG）。

④配电变压器的无功补偿装置容量应依据变压器最大负载率、负荷自然功率因数等进行配置。

⑤在电能质量要求高、电缆化率高的区域，配电室低压侧无功补偿方式可采用静止无功发生器（SVG）。

⑥在供电距离远、功率因数低的 10 kV 架空线路上可适当安装无功补偿装置，其容量应经过计算确定，且不宜在低谷负荷时向系统倒送无功。

⑦逐步规范 220/380 V 用户功率因数要求。

6.9 继电保护及自动装置

目前，宁夏在继电保护及自动装置配置方面，遵循行业标准以及国家电网公司的相关规定。配电网继电保护与自动装置应符合现行国家标准《继电保护和安全自动装置技术规程》GB/T 14285—2006 的相关要求。

配电网继电保护装置整定计算应符合《3~110 kV 电网继电保护装置运行整定规程》DL/T 584—2017 的相关要求。

6.9.1 高压配电网继电保护及自动装置要求

(1)变压器保护

110~35 kV 变电站应配置低频低压减载装置,主变高、中、低压三侧均应配置备自投装置。单链、单环网串供站应配置远方备投装置。

变电站保护信息和配电自动化控制信息的传输宜采用光纤通信方式;仅采集遥测、遥信信息时,可采用无线、电力载波等通信方式。对于线路电流差动保护的传输通道,往返均应采用同一信号通道传输。

(2)线路保护

110 kV 线路保护应配置一套采用主、后备一体的保护设备,后备保护应包括三段式接地、相间距离保护、反时限零序保护及多段式零序保护功能,应具备自动重合闸、低频减载功能。110 kV 电厂并网线路应装设全线速动保护。对于有稳定性和选择性要求的超短线路应装设光纤电流差动保护。对于采用光纤纵联保护的 110 kV 线路,宜采用专用纤芯。

(3)母线保护

110 kV 双母线以及需要快速切除故障的单母线,发电厂和重要厂站的 110 kV 母线应配置母差保护。母差保护动作时,应闭锁有关断路器的自动重合闸。

接入 110~10 kV 电网的各类电源,采用专线接入方式时,其接入线路宜配置光纤电流差动保护,必要时上级设备可配置带联切功能的保护装置。

(4)断路器保护

常规变电站断路器保护按单套配置,智能变电站断路器保护按双重化配置。

(5)安全稳定控制装置

①应根据电网的负荷情况和电网结构,结合电网规划,设置安全稳定控制站点,配置安全稳定控制装置。

②安全稳定控制装置应采用微机型,为便于管理和有利于装置间性能配合,同一区域稳控系统宜采用同一厂家设备。

(6)备用电源自动投入装置

①110 kV 及以下变电站各电压等级均应装设备用电源自动投入装置；根据变电站主接线方式和电网运行方式需要，可选择母联(分段)备自投或进线备自投方式，优先选用母联(分段)备自投方式。

②备用电源自动投入装置应适合变电站远期规划需求，根据电网运行方式可选用远方备自投装置。

6.9.2 中低压配电网继电保护及自动装置要求

配电网设备应装设短路故障和异常运行保护装置。设备短路故障的保护应有主保护和后备保护，必要时可再增设辅助保护。

①10 kV 配电网主要采用阶段式电流保护，架空及架空电缆混合线路应配置自动重合闸；低电阻接地系统中的线路应增设零序电流保护；合环运行的配电线路应增设相应保护装置，确保能够快速切除故障。全光纤纵差保护应在深入论证的基础上，限定使用范围。

②220/380 V 配电网应根据用电负荷和线路具体情况合理配置二级或三级剩余电流动作保护装置。各级剩余电流动作保护装置的动作电流与动作时间应协调配合，实现具有动作选择性的分级保护。

6.9.3 分布式电源接入继电保护及自动装置要求

①分布式电源接入时，继电保护和安全自动装置配置应符合现行行业标准《分布式电源接入配电网技术规定》NB/T 32015—2013 的相关继电保护技规程、运行规程和反事故措施的规定。定值应与电网继电保护和安全自动装置配合整定；接入公共电网的所有线路投入自动重合闸时，应校核重合闸时间。

②对于分布式光伏发电以 10 kV 电压等级接入的线路，可不配置光纤纵差保护。采用 T 接方式时，在满足可靠性、选择性、灵敏性和速动性要求时，其接入线路可采用电流电压保护。

7 高压配电网规划

宁夏高压配电网的电压等级一般采用 110 kV 和 35 kV,高压配电网从上一级电网或电源接受电能后,可以直接向高压用户供电,也可以向下级中压(低压)配电网提供电源。高压配电网是输电网和中压配电网的连接纽带,一方面高压配电网有效承接了上级输电网,另一方面高压配电网决定了中压配电网的发展规模。

高压配电网规划主要由变电站选址、定容和高压配电网络接线布置组成。选址定容依据 110 kV、35 kV 网供负荷预测结果和容载比取值,初步确定变电站数量和容量;后续结合供电区域划分和供电安全标准综合确定高压配电网络接线方式。在变电站布点、网络结构布置等环节,还需对变电站座数、容量进一步优化和调整。

本章从变电需求估算、变电站布点与设计、方案比选、网络结构、电力线路和电气主接线选择等方面,分析介绍了高压配电网规划的一般流程和内容。

7.1 变电需求估算

7.1.1 变电容量估算

变电容量估算主要用于确定各电压等级变电设备的容量,规划期末的变电容量计算如下:

$$S=PR_s \tag{7-1}$$

式中,S 为规划期末某电压等级变电容量需求,MVA;P 为规划期末某电压等级网供最大负荷,MW;R_s 为规划期末的容载比。

新增变电容量按下式计算：

$$\Delta S=S-S_0 \quad (7\text{–}2)$$

式中，ΔS 为需新增变电容量，MVA；S_0 为基准年变电容量，MVA。

变电容量估算方法如下表所示：

表7–1　变电容量估算示意表

区域名称	电压等级	项目	××年	××年	××年	××年
××地区	110 kV	网供负荷				
		容载比				
		容量需求				
		现有容量				
		新能源接入容量				
		新增容量				
	35 kV	网供负荷				
		容载比				
		容量需求				
		现有容量				
		新能源接入容量				
		新增容量				

注：新增容量=期末容量–现有容量

7.1.2　变电站座数估算

在同一个区域（城市、区县）内，高压配电网同一电压等级变电站内单台变压器的容量规格应尽可能统一，一般要求不超过三种容量序列。因此，根据下式得到的新增变电容量 ΔS，推算新增变电站的座数如下：

$$n=\begin{cases}\left[\dfrac{\Delta S}{SN}\right] & \Delta S>0 \\ 0 & \Delta S\leqslant 0\end{cases} \quad (7\text{–}3)$$

式中，n 为新增变电站的座数；S_N 为变电站的典型容量，MVA；[ ] 为向上取整计算。

变电站的典型容量 S_N 的选定，应结合该地区具有典型和代表意义的变电站典型配置，按照变压器台数和容量计算。新增变电站的座数 n 着重反映地区变电站的建设需求，在变电站布点与设计过程中，还需对变电站座数进行优化和调整。

7.2　变电站布点与设计

变电站布点是在综合考虑了用电需求以及与经济社会各方面关系后，确定变电站站址的过程。变电站布点要根据变电站新增容量、数量的初步估计，提出变电站布点的可选方案，通过比选确定最终方案。

7.2.1　站址布点

根据《城市电力规划规范（2014）》中的典型设计，变电站的站址应在电网规划时，由供电企业与城市规划部门共同进行预选，并初步划定线路走廊与电缆通道。变电站站址、线路走廊、电缆沟道应纳入城市总体规划。变电站的选址应符合下列要求：

①变电站的站址选择，应根据电力系统规划设计的网络结构、负荷分布、城乡规划、征地拆迁和下列条款的要求进行全面综合考虑，通过技术经济比较和效益分析，选择最佳的站址方案。

②选择站址时，应充分考虑节约用地，合理使用土地。尽量利用荒地、劣地，不占或少占耕地和经济效益高的土地，并注意尽量减少土石方量。

③站址应按审定的本地区电力系统远景发展规划，充分考虑出线条件，留出架空和电缆线路的出线走廊，避免或减少架空线路交叉跨越和电缆线路之间的交叉布置。架空线路终端塔的位置和站内电力出线通道宜在站址选择规划时统一安排。

④站址交通应运输方便。对于站址的大件设备运输条件，应经技术经济比较后落实。

⑤站址应具有适宜的地质、地形条件，应避开滑坡、泥石流、明和暗的河塘、塌陷区和地震断裂地带等不良地质构造。避开溶洞、采空区、岸边冲刷区、易发生滚石的地段，还应注意尽量避免或减少破坏林木和环境自然地貌。

⑥站址应避让重点保护的自然区和人文遗址，也不应设在有重要开采价值的矿藏上，否则应征得有关部门的书面同意。

⑦站址设计标高宜高出频率为1%的高水位之上，否则应有可靠的防洪措施。在内涝区建所时，防涝围堤顶标高宜高出频率为1%的内涝水位0.5 m。超高压、特高压变电站标高应在50年、100年一遇的洪水位上。

⑧选站时应考虑变电站与邻近设施、周围环境的相互影响和协调，并取得有关协议。站址距飞机场、导航台、地面卫星所、军事设施、通信设施以及易燃易爆等设施的距离应符合现行有关国家标准。

⑨站址不宜设在大气严重污秽地区和严重盐雾地区。必要时，应采取相应的防污措施。

⑩站址的地震基本烈度应按国家颁布的GB 18306—2015确定。站址位于地震烈度区分界线附近难以正确判断时，应进行烈度复核。

⑪变电站规划用地面积。

站址选择时，应贯彻节约用地、不占或少占农田的建设方针，因地制宜适应地形、地势特征。

变电站的用地面积，应按变电站最终规模规划预留。规划新建的110~35 kV变电站规划用地面积控制指标宜符合《城市电力规划规范》的规定。

表7-2　110~35 kV变电站规划用地面积控制指标

序号	变压等级/kV 一次电压/ 二次电压	主变压器容量 [MVA/台(组)]	变电站结构型式及用地面积/m²		
			全户外式 用地面积	半户外式 用地面积	户内式 用地面积
1	110/10及110/35/10	20~63/2~4	2 000~5 500	1 500~5 000	800~4 500
2	35/10	5.6~31.5/2~3	2 000~3 500	1 000~2 600	500~2 000

7.2.2 主变压器选择

主变压器选择应综合考虑负荷密度、负荷增长速度以及上下级电网的协调和整体经济性等因素。

(1)主变压器容量

在标准化物料范围内,按照5~10年发展规划的需求来确定,也可由上一级电压电网与下一级电压电网间的潮流交换容量来确定。

变电站内装设2台及以上变压器时,若1台故障或检修,剩余的变压器容量应满足相关技术规范要求,在计及过负荷能力后的允许时间内,能够保证二级及以上电力用户负荷供电(在A+、A、B、C类供电区域应能够保证全部负荷供电)。

同一规划区域中,相同电压等级的主变压器单台容量规格不宜超过3种,同一变电站的主变压器宜统一规格。

对于负荷密度高的供电区域,若变电站布点困难,可选用大容量变压器以提高供电能力,并应通过加强变电站网络结构及下级电网的互联提高供电可靠性。

(2)主变压器台数选择

应综合考虑负荷密度、空间资源条件,以及上下级电网的协调和整体经济性等因素,确定变电站的供电范围以及主变压器的容量和数量。为保证充裕的供电能力,除预留远期规划站址外,还可采取预留主变容量(增容更换)、预留建设规模(增加变压器台数)、预留站外扩建或升压条件等方式,包括所有预留措施后的主变压器最终规模不宜超过4台。对于负荷确定的供电区域,可适当采用小容量变压器。

规划时,主变压器容量和台数可由规划人员分析计算或参考相关标准进行选择。各类供电区域变电站最终容量配置推荐表如下表所示:

表7-3 各类供电区域变电站最终容量配置推荐表

省级	供电分区	110 kV变电站主变规模推荐		35 kV变电站主变规模推荐	
		主变台数/台	主变容量/MVA	主变台数/台	主变容量/MVA
宁夏	A	3~4	63、50	—	—
	B(城)	2~3	63、50、40	—	—

续表

省级	供电分区	110 kV 变电站主变规模推荐		35 kV 变电站主变规模推荐	
		主变台数/台	主变容量/MVA	主变台数/台	主变容量/MVA
宁夏	B(农)	2~3	63、50、40	—	—
	(农)	2~3	50、40、31.5	2~3	20、10、6.3
	D	2~3	40、31.5、20	2~3	10、6.3、3.15

注:特殊地区由于容载比偏高、负荷增速慢等因素,过渡期主变容量可采用 40 MVA、6.3 MVA,规划年结合负荷发展逐步提升主变容量

7.3 电气主接线型式

变电站电气主接线应根据变电站功能定位、出线回路数、设备特点负荷性质及电源与用户接入条件确定,并满足供电可靠、运行灵活、适应远方控制、操作检修方便、节约投资、便于扩建以及规范、简化等要求。变电站电气主接线的选取,应综合考虑变电站功能定位、进出线规模等因素,并结合远期电网结构预留扩展空间。变电站高压侧主接线应尽量简化,宜采用桥式、线变组接线。考虑规划发展需求并经过经济技术比较,也可采用其他形式。110 kV、35 kV 变电站高压侧常用的电气主接线有桥式、环入环出、单母线分段、线路变压器组、内桥接线、外桥接线等接线型式。接线方式及其特点如下表所示:

表 7-4 110、35 kV 变电站电气主接线的基本形式

一次主接线结构		特点	适用性
单母线	单母线接线	只有一组母线，所有电源回路和出线回路，均经过必要的开关电器连接到该母线上并列运行。接线简单、清晰,所用电气设备少,操作方便,配电装置造价便宜	适用于单电源的变电站,且出线回路数少,用户对供电可靠性要求不高的场合
	单母线分段接线	与单母线接线方法相比，增加了分段断路器，将母线适当分段。当对可靠性要求不高时,也可利用分段隔离开关进行分段。母线分段的数目,决定于电源的数目,容量、出线回数,运行要求等。母线分段一般分为 2~3 段。母线发生故障时,仅故障母线段停电,缩小停电范围;对重要用户由两侧共同供电,提高供电可靠性	适用于 35 kV 出线不超过 8 回;110 kV 出线不超过 6 回

续表

<table>
<tr><th colspan="2">一次主接线结构</th><th>特点</th><th>适用性</th></tr>
<tr><td>单母线</td><td>单母线分段带旁路母线接线</td><td>增设旁路母线,增设各出线回路中相应的旁路隔离开关,解决出线断路器检修时的停电问题。因为电压越高,断路器检修所需时间越长,停电损失越大,因此旁路母线多用于35 kV以上接线</td><td>35 kV可设不专设旁路断路器的旁路母线;110 kV出线6回以上,宜用专设旁路断路器的旁路母线;出线断路器使用可靠性较高的 SF_6 断路器时,可不设旁路母线</td></tr>
<tr><td rowspan="2">双母线</td><td>双母线接线</td><td>两条母线互为备用,一条母线检修时,另一条母线可以继续工作,不会中断对用户的供电;任一母线侧隔离开关检修时,只需断开这一回路即可;工作母线故障时,所有回路能迅速切换至备用母线而恢复供电;因而可靠性高,运行方式灵活,便于扩建</td><td>广泛应用于 SF_6 组合电器变电站中。35 kV出线数目超过8回且连接电源较多、负荷较大;110 kV出线5回以上,多采用双母线接线</td></tr>
<tr><td>双母线分段接线、双母线带旁路母线接线</td><td>具备单母线分段和双母线的特点,具有较高的可靠性和灵活性,但是投资增多。双母线分段接线广泛应用于大中型变电站的配电装置中</td><td>适用于110 kV电压进出线回路数较多时</td></tr>
<tr><td rowspan="3">桥式接线</td><td>内桥接线</td><td>桥连断路器设置在变压器侧。适用于输电线路较长,发生故障的可能性较大,而变压器操作不频繁的场合</td><td rowspan="3">适用于2个电源、2台变压器的变电站负荷侧。接线清晰简单,短路器台数最少,节省投资,便于扩建</td></tr>
<tr><td>外桥接线</td><td>桥连断路器设置在线路侧。适用于输电线路较短、变压器操作频繁或双回线路接入系统环网、系统有穿越功率流经本厂的场合</td></tr>
<tr><td>多桥接线</td><td>出线回路及变压器台数都超过2时</td></tr>
<tr><td colspan="2">线路变压器组接线</td><td>线路和变压器直接相连,是一种最简单的接线方式,其特点是接线简化、设备少、投资省、操作简便,降低故障率,提高工作的可靠性</td><td>线路变压器组接线广泛应用于远距离大容量输电系统中对系统稳定和供电可靠性要求较高的变电站中</td></tr>
</table>

变电站主接线形式应以现状主接线型式为基础,满足配电网目标网架建设,满足可靠性、灵活性及经济性的要求。现状宁夏变电站主接线形式以单母接线、单母分段接线为主。宁夏高压配电网规划目标网架将以双链、双辐射、单链及单辐射

为主，结合变电站不同电气主接线适用性，推荐宁夏 110~35 kV 变电站主接线型式采用单母分段接线方式。

7.4 目标网架结构

在配电网的规划建设方面，特别是发展落后的地区，建设模式缺乏规范化、体系化，在使用的设备和技术规范方面参差不齐，并且现有的技术规范对不同地区的差异化发展考虑得较少。配电网规划建设的问题，主要在于规划设计阶段缺乏配电网技术指标、规范化等方面的典型设计依据，缺少能够引导配网建设的典型供电模式。

典型接线模式属于典型设计范畴，典型设计包括初步设计阶段的变电、送电设施的典型设计方案，以及规划设计阶段的典型设计模式。规划设计阶段的典型设计模式，是包含了电网结构、供电单元和电网装备等供电系统主要组成部分的电网规划设计方案，其深度介于规划设计与初步设计之间。

典型接线模式的选取，一般按照 20 年左右的水平进行考虑，它直接决定了电网是否能够安全、稳定、经济运行，保证尽可能减少电力建设投资的浪费，同时也间接决定了下一轮配电网规划的建设目标、时序和投资，将对配电网规划建设产生重要的影响。

7.4.1 主要原则

①正常运行时，各变电站应有相互独立的供电区域，供电区不交叉、不重叠，故障或检修时，变电站之间应有一定比例的负荷转供能力。

②高压配电网的转供能力主要取决于正常运行时的变压器容量裕度、线路容量裕度，以及中压主干线的合理分段和联络。

③同一地区同类供电区域的电网结构应尽量统一。

④110~35 kV 变电站宜采用双侧电源供电，条件不具备或处于电网发展的过渡阶段，也可同杆架设双电源供电，但应加强中压配电网的联络。

7.4.2 主要结构

高压配电网的电网结构可分为辐射、环网、链式等,变电站接入方式主要有T接和π接下面对每种典型结构的优缺点和适用范围等进行介绍。

表7-5 高压配电网目标电网结构推荐表

供电区域类型	目标电网结构
A	双辐射、多辐射、双链、三链
B	双辐射、多辐射、双环网、单链、双链、三链
C	双辐射、双环网、单链、双链、单环网
D	双辐射、单环网、单链

(1)辐射结构

从上级电源变电站引出同一电压等级的一回或双回线路,接入本级变电站的母线,且末端未与电源点连接的,称为辐射结构。辐射结构分为单辐射和双辐射2种。

当双辐射接线电源母线或出线断路器故障时,整个地区会出现停电事故,相比双端供电网络,辐射式接线的可靠性较低,因此负荷密度不高和供电可靠性要求不高的城镇及农村地区可以采用这类接线。

①单辐射。单辐射结构中变电站主变为两台及以下。单辐射结构简单、投资少,但可靠性及灵活性均较低,不满足“N-1”要求,适用于可靠性要求不高的区域。通常采用单母线、线变组接线。

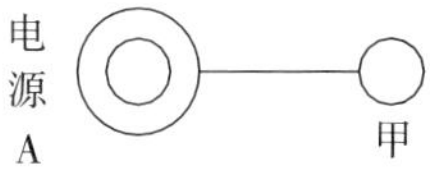

图7-1 单辐射

②双辐射。从同一电源出2回线路供电的辐射结构,如下图所示。双辐射结构简单实用,变电站可布置2台或3台主变,能够满足“N-1”安全准则,当某一条线路发生故障或检修时,该条线路所带的变压器可由另一条线路提供备用,只有一

个电源,可靠性不高。通常采用单母线分段、桥式、线变组接线。

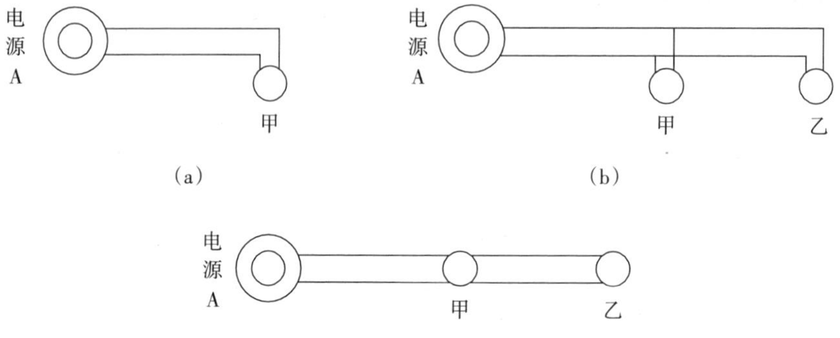

图 7-2　双辐射

(2)环网结构

从上级电源变电站引出同一电压等级的一回或双回线路,接入本级变电站的母线(或桥),并依次串接 2 个(或多个)变电站,末端通过另外一回或双回线路与起始电源点相连,形成首尾相连的环形接线方式,一般选择在环的中部开环运行,称为环网结构。

环网接线的优点是经济性好,缺点是调度运行比较复杂,故障时电压质量差,容易出现部分线路过载情况。由于高压配电网对供电可靠性要求高,高压配电网若选择环网接线,应更多选择双环网,手拉手多端供电的方案。

①单环网。当某一条线路发生故障或检修时,该条线路所带的变压器可由另一条线路提供备用。只有一个电源、变电站间为单线联络,运行灵活性和可靠性不高。通常采用单母线分段、桥式接线。

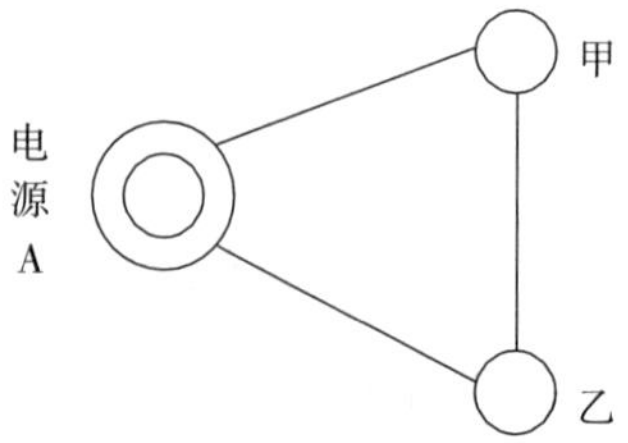

图 7-3　单环网

②双环网。当某一条线路发生故障或检修时，该条线路所带的变压器可由另3条线路提供备用。只有一个电源，运行灵活性和可靠性不高。通常采用单母线分段、环入环出接线。

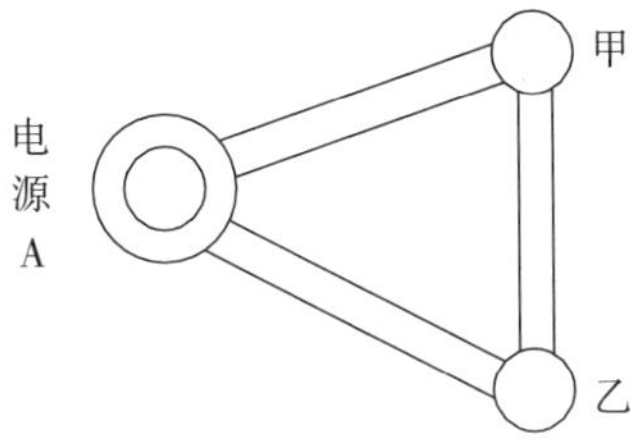

图7-4　双环网

(3)链式结构

链式接线是将2个电源点作为供电的两端，通过双回线或单回线连接多个负荷点的接线方式。链式接线可分为双链式和单链式接线2种结构，在负荷密度较高的地区采用双链式接线，负荷密度较低的地区，可采用单链式接线。在建设双链式接线的初期，可将单链式接线作为网架建设的过渡方案。

链式接线开关设备数量大，建设总投资多，系统受开关可靠性的影响大。但正因为大量开关设备的存在，相比其他高压配电网网架结构，其运行灵活性较大。双链式与单链式均满足"N-1"检验，由于双链式结构冗余度高，可以满足"N-2"检验。

①单链。2个不同上级电源出2回线路，带2座下级变电站，下级变电站电源来自2个不同上级变电站，供电可靠性高于辐射与环网结构。

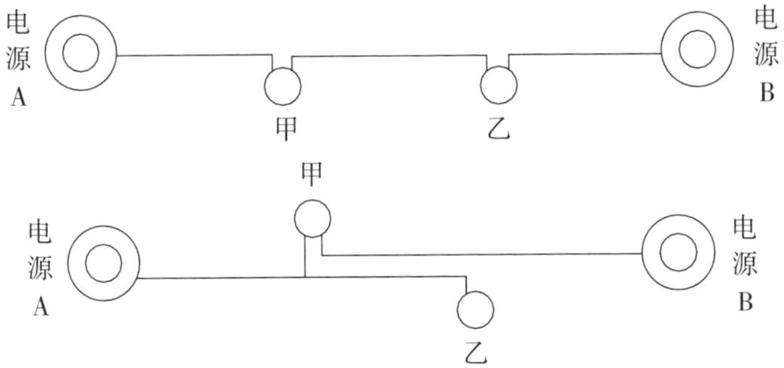

图7-5　单链

②双链。2 个不同上级电源出 4 回线路,带 2 座下级变电站,下级变电站电源来自 2 个不同上级变电站,供电可靠性高于单链结构。

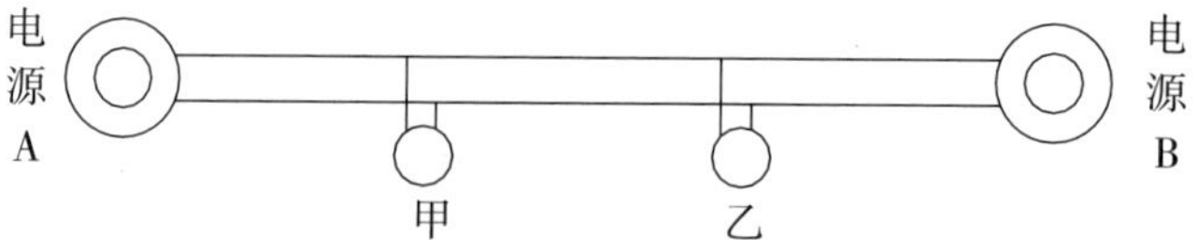

(a)T 接

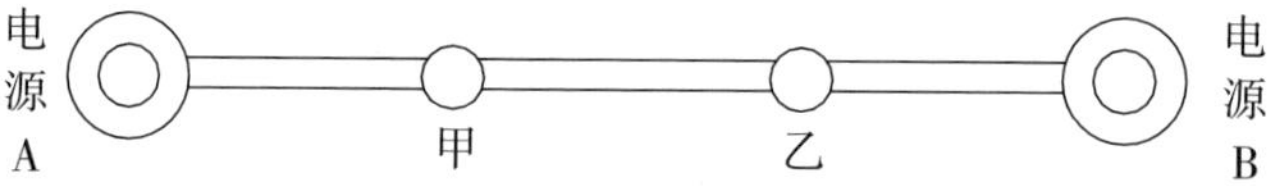

(b)π 接

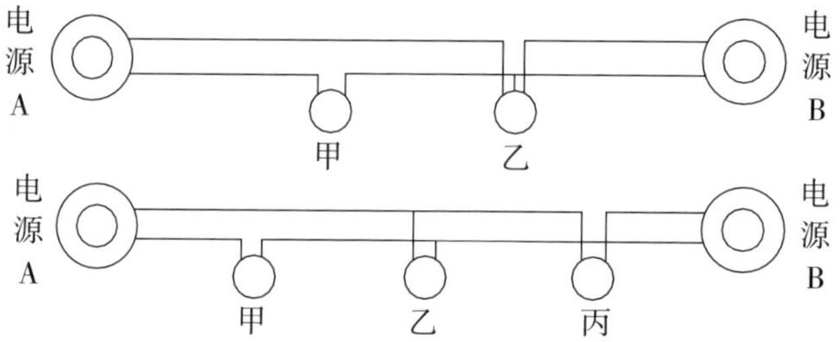

(c)T、π 混合

图 7-6　双链

③三链。2 个不同上级电源出 6 回线路,带 3 座下级变电站,下级变电站电源来自 2 个不同上级变电站,供电可靠性高于双链结构。

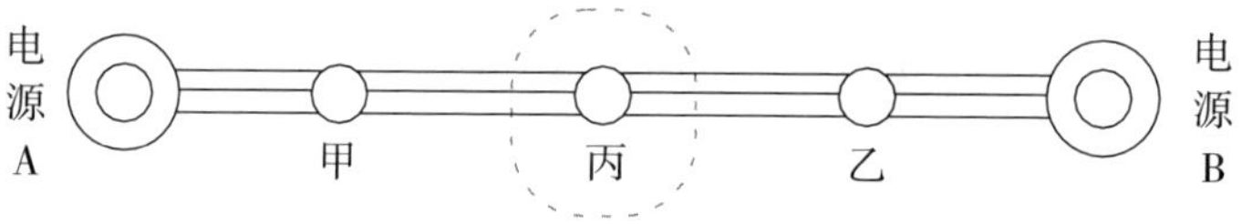

(a)π 接

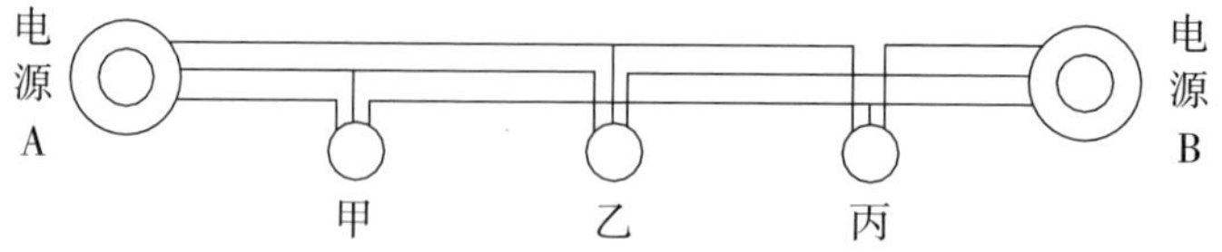

(b)T、π 混合

图 7-7　三链

7.4.3 评估指标

高压配电网网络结构的坚强程度一般采用“单线或单变站占比”和“N-1 通过率”进行评价。“单线或单变站占比”的计算公式如下：

$$\text{单线或单变站占比}=\frac{\text{单线或单变站座数}}{\text{变电站总座数}}\times 100\% \tag{7-4}$$

式中，单线或单变站座数为某一电压等级仅有单条电源进线的变电站与单台主变压器的变电站座数合计。

“N-1 通过率”需要按主变压器和线路分别计算，计算公式如下：

$$\text{主变压器 N-1 通过率}=\frac{\text{满足 N-1 的主变压器台数}}{\text{主变压器总台数}}\times 100\% \tag{7-5}$$

$$\text{线路 N-1 通过率}=\frac{\text{满足 N-1 的线路条数}}{\text{线路总条数}}\times 100\% \tag{7-6}$$

“N-1 通过率”用于反映 110~35 kV 电网中一台变压器或一条线路故障或计划停运，本级及下一级电网的转供能力。

7.4.4 电网结构比选

高压配电网接线方式选择要因地制宜，结合地区发展规划，选择成熟、合理、技术经济先进的方案。

110~35 kV 电网一般采用双电源接线，开环运行的方式，主要是避免与上级电网形成电磁环网，从而形成每个上级变电站下的 110~35 kV 独立电网。由于 110~35 kV 电网结构种类繁多，在现有规划技术原则基础上，对以上电网接线结构进行优缺点对比分析，情况如下。

（1）环网结构-链式结构比较

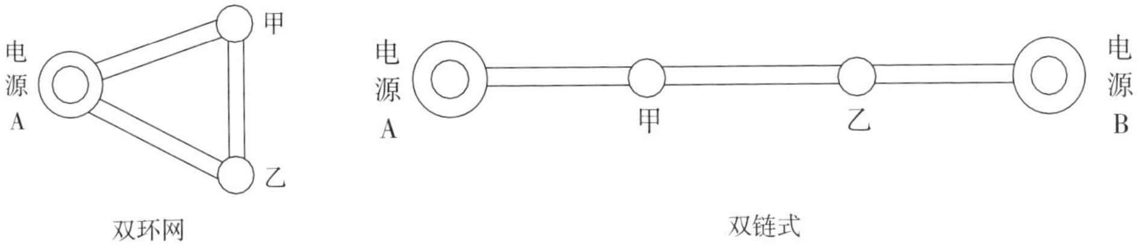

图 7-8 环网、链式结构比较示意图

通过上图对比可以看出，环网结构和链式结构的最大差别是环网电源点单一，链式为双电源，从供电可靠性来讲，链式明显优于环网，从经济角度来讲，只有电源B距离变电站乙非常远的时候，即周边电网仅有一个电源点时，环网结构才会比链式结构合理。而环网要过渡到链式，必将有线路的浪费。

(2)辐射状结构-链式结构比较

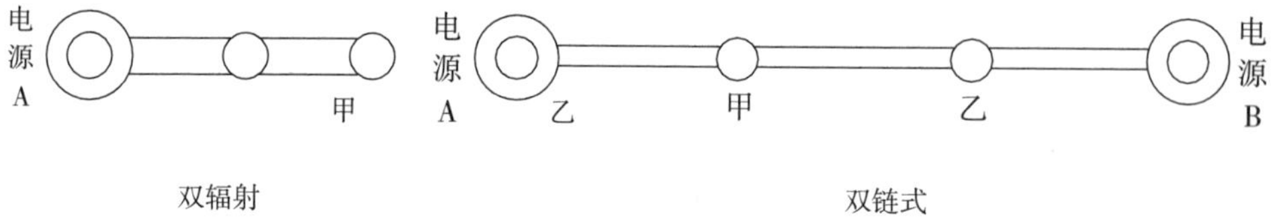

图7-9 辐射、链式结构比较示意图

通过上图对比可以看出，辐射状网架结构可以看成是一个不完全的链式结构，具有后续发展的空间，待电源布点增加后，可以过渡至链式结构；而辐射状网架结构同环网相比，虽然可靠性差了一点，但是环网占用间隔资源较多，远期发展极为受限。

(3)T接-π接比较

双链和三链又可细化为T接、π接或Tπ混合，对于采用T接的链式结构，主要的优点是可以减少进出线回路数，在低压配网强有力互联的支撑下，达到简化主接线的目的，通常采用内桥、线变组等主接线方式；而对于采用π接的链式结构，一般采用单母线分段、双母线等主接线方式，具有可靠性高、运行灵活、扩展性强等优点。

综上，对于110 kV电网的结构提出以下3点建议：第一，其上级220(330) kV电网两个不同变电站的距离在50 km以内，将链式电网结构作为一种典型的电网结构是合适的，考虑到单链可靠性较低，三链会造成变电站规模过大，故将双链电网结构作为一种最典型的电网结构模式；第二，220(330) kV变电站布点少的地区，采用双链不经济，将双辐射电网结构也作为一种典型的电网结构；第三，在偏远的C、D类供电区，可以考虑采用不完全双链结构，来满足接入需要，如下图所示。

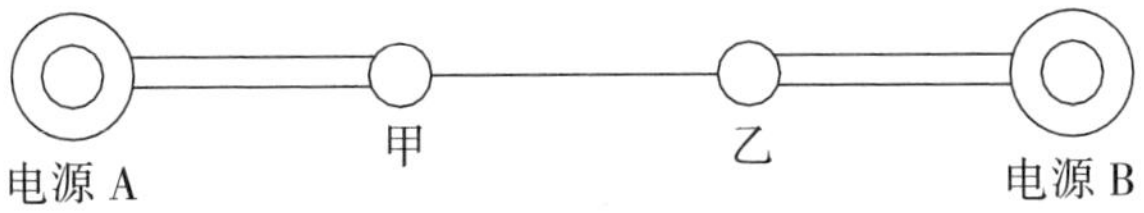

图 7-10 不完全双链结构示意图

7.4.5 目标电网结构

结合宁夏地区现状及近期规划中的网架结构及变电站主接线的选取、配置，通过对不同网架结构之间的优缺点分析，可以总结得出，对于宁夏地区，A 类供电区过渡期可以采用双链、不完全双链的结构，220(330) kV 布点不足的地方可以采用双辐射的结构，目标网架全部完善为双链结构；B(城)类供电区过渡期可以采用双链和单链的结构，220 (330) kV 布点不足的地方可以采用双辐射的结构，目标网架选取双链和单链结构；B(农)类供电区过渡期可以采用不完全双链和单链的结构，220(330) kV 布点不足的地方可以采用双辐射的结构，目标网架选取双链、单链和双辐射结构；C(农)类供电区过渡期可以采用单辐射和单链结构，目标网架完善为单链、双辐射结构；D 类供电区过渡期可以采用单链和单辐射结构，目标网架完善为单链、双辐射或单辐射结构。

对于现存的单线单变变电站，除去县城及重要负荷供电的变电站之外，应按照负荷发展潜力在后期规划中逐渐解决。

110 kV 电网过渡网架及目标网架推荐如下表所示：

表 7-6 110 kV 接线模式表

序号	供电区类型	过渡期接线模式	目标接线模式
1	A	双链、不完全双链、双辐射	双链
2	B(城)	双链、单链、双辐射	双链、单链
3	B(农)	不完全双链、双辐射、单链	双链、单链、双辐射
4	C(农)	单辐射、单链	单链、双辐射
5	D	单链、单辐射	单链、双辐射、单辐射

35 kV 电网网架结构推荐：35 kV 布点基本在 C（农）、D 类地区，推荐采用最简单的电网结构–单辐射和单链，此类区域可靠性要求较低，停电也不会造成较大影响，有条件的采用单链，在电源点单一且供电距离较长时可采用单辐射结构。

7.5　电力线路选择

110~35 kV 线路的设备选型主要是导线截面选择。线路标准化设备选型是在现状的基础上，针对不同地区各自的特点，选择科学合理的方法进行论证，最后分区给出标准化设备选型建议。

其中，导线截面选择采用的论证方法是通过搭建不同接线模式的演算模型，在计算上级变电站以及本级变电站不同配套容量的基础上，同时满足主变“N–1”校验和线路“N–1”校验时，所得到的导线截面就是最终建议值。

7.5.1　110~35 kV 导线选取原则

①线路导线截面宜综合饱和负荷状况、线路全寿命周期选定。

②线路导线截面应与电网结构、变压器容量和台数相匹配。

③线路导线截面应按照安全电流裕度选取，并以经济载荷范围校核。

A、B 类供电区域 110 kV 架空线路截面不宜小于 240 mm^2，35 kV 架空线路截面不宜小于 150 mm^2；C、D 供电区域 110 kV 架空线路截面不宜小于 150 mm^2，35 kV 架空线路截面不宜小于 120 mm^2。

④110~35 kV 线路跨区供电时，导线截面宜按建设标准较高的区域选取。

⑤110~35 kV 架空线路导线宜采用钢芯铝绞线及新型节能导线，沿海及有腐蚀性地区可选用防腐型导线。

⑥新架设的 110~35 kV 架空线路不宜使用耐热导线。耐热导线一般用于增加原有线路载流量。

⑦110~35 kV 电缆线路宜选用交联聚乙烯绝缘铜芯电缆，载流量应与该区域架空线路相匹配。

⑧对于采用 110 kV 开关站集中向工业园区供电的情况，开关站进线导线截

面可根据需要采用较大截面导线，导线截面超过 300 mm² 时，宜采用分裂导线方式，不应选择截面在 400 mm² 以上的单根导线。

7.5.2　导线载流量选择

导线载流量选择是根据高压配电网运行方式和供电可靠性要求，计算各导线的最大载流量需求，用于指导导线型号及截面选择，具体计算过程中需考虑的因素包括明确变电站主变压器台数、容量及负载率；高压配电网运行方式（正常方式、故障方式、检修方式等）；可靠性要求。

根据不同供电区的安全准则要求，计算出不同变电站规模、电网结构下 110~35 kV 导线单回线路承载的最大电流。参照 110~35 kV 不同导线型号线路的极限输送能力，可确定出不同变电站规模、电网结构下 110~35 kV 线路导线截面。

单条线路承载最大电流可按照下式计算确定：

$$I=\frac{\sum_{k=1}^{n} P_k}{\sqrt{3}\times U\times\cos\varphi\times m} \qquad (7\text{-}7)$$

式中，I 为单条线路承载最大电流；P_k 为满足 N-1 条件下变电站最大功率；n 为变电站座数；m 为承载变电站功率的线路条数。

根据不同的电网结构，考虑正常运行中线路的“N-1”要求，进行线路截面选择论证。各类供电区域导线截面选取建议如下表所示：

表 7-7　110~35 kV 线路截面推荐表

供电分区	110 kV 推荐导线截面/mm²		35 kV 推荐导线截面/mm²	
	电缆	架空	电缆	架空
A	400、630	400	—	—
B(城)、B(农)	400、630	400	—	—
C(农)	400	300、400	300	185、240
D	400	300、400	300	185、240

8　中压配电网规划

宁夏中压配电网采用 10 kV 电压等级，中压配电网从上一级电网或电源接受电能后，直接向低压用户供电。由于电网中低压用户占绝大多数，因此中压配电网的供电安全水平对配电网的供电可靠性水平影响相对更大。

中压配电网规划主要由配电设施选址定容和中压配电网络接线布置组成。传统的中压配电设施的位置选择可以分别按负荷中心、电压损耗或功率损失计算。目前，多采用包含负荷中心分析、电压损耗分析、功率损失分析的综合比较方法，并结合供电区域划分和供电安全标准确定中压配电网络接线。中压配电网规划要避免逐条规划出线，而应统筹规划多条出线，优化资源利用效率，合理配置联络设备，逐步构建结构清晰的典型目标网架。

本章从配电变压器选择、网络结构、电力线路等方面，分析介绍了中压配电网规划的一般流程和内容。

8.1　中压配电网目标网架结构

8.1.1　主要原则

①中压配电网应根据变电站位置、负荷分布情况，以供电网格为单位，开展目标网架设计，并制定逐年过渡方案。和运行管理的需要，分成若干个相对独立的供电区。分区应有大致明确的供电范围，正常运行时一般不交叉、不重叠，分区的供电范围应随新增加的变电站及负荷的增长而进行调整。

②中压架空线路联络点的数量根据周边电源情况和线路负载大小确定，一般

不超过3个联络点。架空网具备条件时,宜在主干线路进行末端进行联络。对于供电可靠性要求较高的区域,还应加强中压主干线路之间的联络,在分区之间构建负荷转移通道。

③10 kV架空线路主干线应根据线路长度和负荷分布情况进行分段(一般分为3段,不宜超过5段),并装设分段开关,且不应装设在变电站出口首段出线电杆上。重要或较大分支线路首端亦可安装分段开关。宜减少同杆(塔)共架线路数量,便于开展不停电作业。

④中压10 kV电缆线路采用环网结构,环网室(箱)、用户设备可通过可通过环进环出方式接入主干网。

⑤中压开关站、环网室、配电室电气主接线宜采用单母线分段或独立单母线接线(不宜超过两个)环网箱宜采用单母线接线,箱式变电站、柱上变压器宜采用线变组接线。

⑥应根据城乡规划和电网规划,预留目标网架的通道,以满足配电网发展的需要。

8.1.2 主要结构

中压配电网分为架空网和电缆网2大类。

(1)架空网

架空网典型结构主要有辐射式、多分段单联络、多分段适度联络等结构。

①单电源单射式。

单电源单射式接线适用于城市非中心区、县城及偏远地区等负荷密度低、重要性一般、电源布点稀疏的地区。它的优势是接线方式简单清晰、建设投资低、新增负荷容易、运行维护简便,缺点在于故障时停电范围大,供电可靠性差。

单辐射结构一般将线路分段,线路故障时不会导致线路全停,但电源故障时将会导致整条线路停电。单电源单射式供电不考虑故障备用问题,正常方式下可以满载运行。

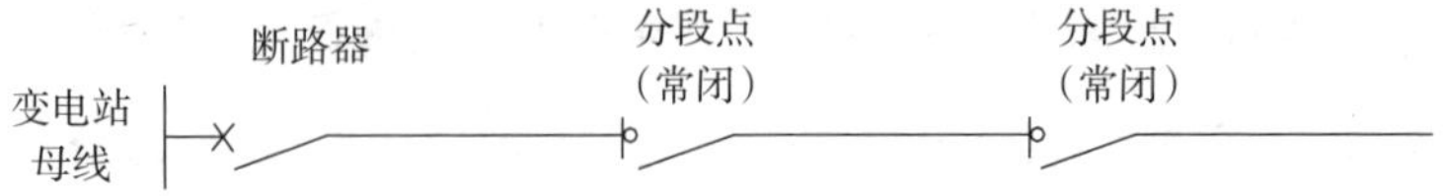

图 8-1　架空线单电源单射结构示意图

②多分段单联络。

该接线形式将不同变电站的两条馈线或同一变电站不同中压母线的两条馈线，通过一个联络开关连接起来，是中压馈线联络的最简单形式，其供电可靠性较单辐射方式大大增加。当任意一个区段发生故障时，分段开关闭合，可将负荷通过另一条馈线转供。该接线形式满足线路和电源的“N-1”校核，但需考虑备用容量，正常运行时线路负载率仅为50%，单位负荷的线路投资较单射式有所增加。

单联络是架空线路中最基本的接线形式，适用电网建设初期，较为重要的负荷区域。

图 8-2　架空线多分段单联络结构示意图

③多分段适度联络。

该接线形式是架空线路环网采用的接线形式，通常开环运行。分段数量与联络数量根据负荷密度、负荷性质、线路长度、用户数量及环境等因素确定。一般情况下，将线路分为3段，建立2~3个联络。线路分段点及联络点的设置应根据网络接线及负荷变动进行相应调整，优先采取线路尾端联络，逐步实现对线路大分支的联络。典型的多分段适度联络有三分段两联络和三分段三联络2种接线。

该接线形式的优点在于增加了联络数量，从而减小了线路备用容量的考虑，正常方式下两联络线路的负载率可达到67%，三联络线路负载率可达到75%。同时，多分段多联络的形式也减少了线路故障影响的范围。这种接线方式适用于负荷密度较大、可靠性要求较高的区域。

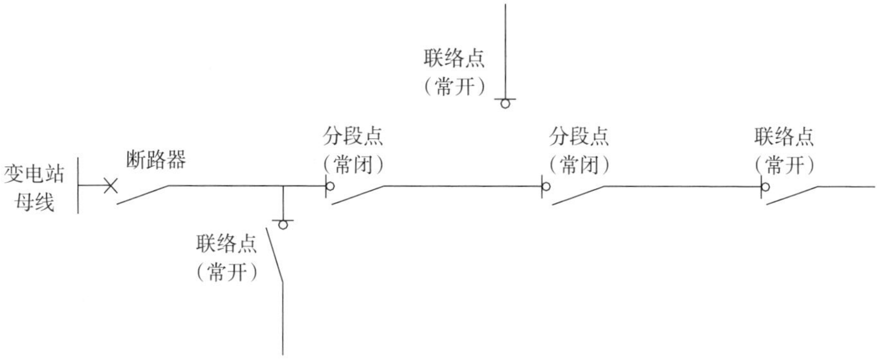

图 8-3 架空线多分段适度联络结构示意图

(2)电缆网

中压电缆网的典型接线方式主要有单射式、双射式、单环式、双环式、N 供一备 5 种类型。

①单射式。

自一座变电站或开关站的一条中压母线出一回电缆，形成单射式接线方式。该接线方式不满足“N-1”校核，由于不考虑故障备用，主干线正常运行时的负载率可达到 100%。该接线方式通常仅作为一种过渡接线形式。

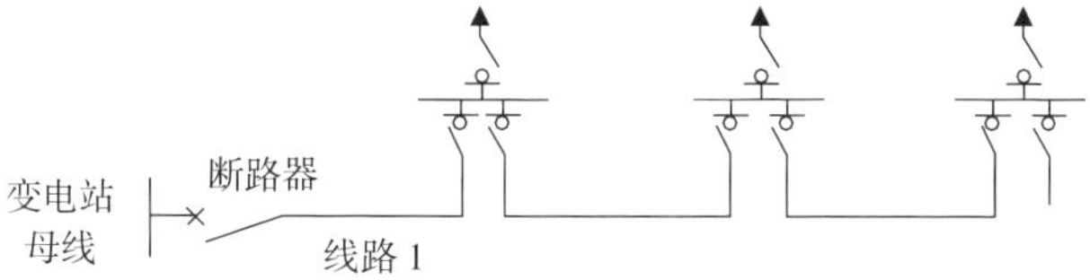

图 8-4 电缆单射式结构示意图

②双射式。

自一座变电站或开关站的不同中压母线或同一供电区域两个变电站或开关站引出双回电缆，形成双射接线方式。双环网一般也作为一种过渡方式，随着网络的加强，可逐步发展为双环式接线。双射式供电可以为用户提供双电源供电，一条电缆故障时，用户配变可切换到另一条电缆上。

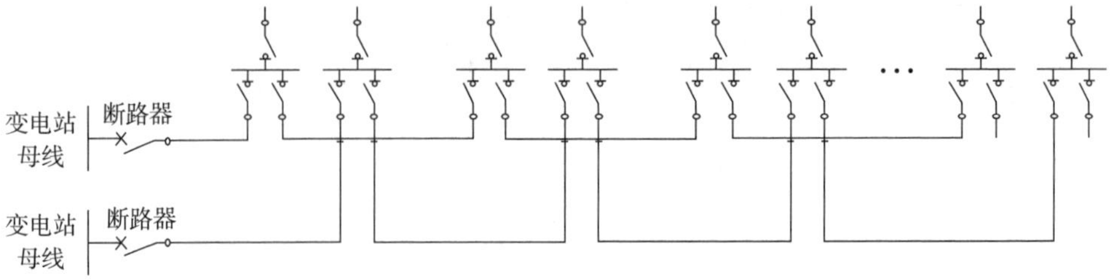

图 8-5　电缆双射式结构示意图

③单环式。

自一座变电站或开关站的不同中压母线或同一供电区域两个变电站或开关站引出单回电缆构成单环网,开环运行。任何一个区段故障,闭合联络开关,将负荷转供到相邻馈线,完成转供。该供电模式满足“N-1”校核,但主干线正常运行时的负载率仅为 50%。各环网点均配备两个负荷开关(或断路器),可以隔离任意一段故障线路,供电可靠性比单射式大大提高。从规划建设的角度考虑,一般采用异站单环接线方式,仅在不具备条件时采用同站不同母线单环接线方式。

单环式接线通常应用于城市一般区域(负荷密度不高、负荷重要性程度一般的区域)、工业开发区以及中小容量单路用户集中的电缆化区域。

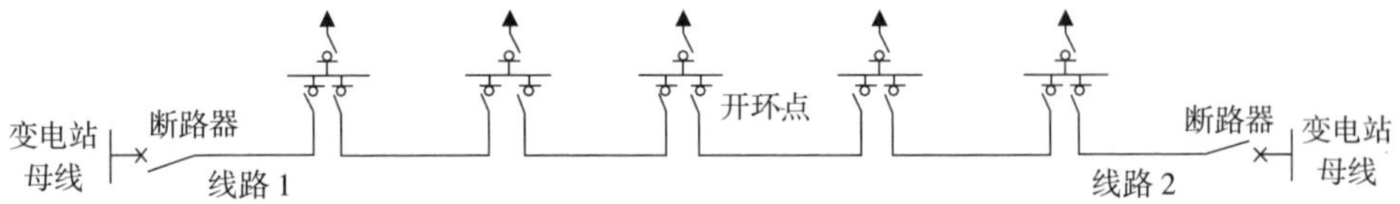

图 8-6　电缆单环式结构示意图

④双环式。

自一座变电站或开关站的不同中压母线或同一供电区域两个变电站或开关站不同中压母线引出双回电缆构成双环网,开环运行。双环网的接线形式主要依赖变电站或开关站不同母线的母联开关构成,若变电站或开关站母线之间无分段开关,则仍为单环网接线。该接线方式满足“N-1”校核,主干线正常运行时的负载率仅为 50%。与电缆单环网相比,双环网更易于为用户提供双路电源供电,适用于负荷密度大、对可靠性要求高的城市核心区、繁华地区,如高层住宅区、多电源用户集中区。

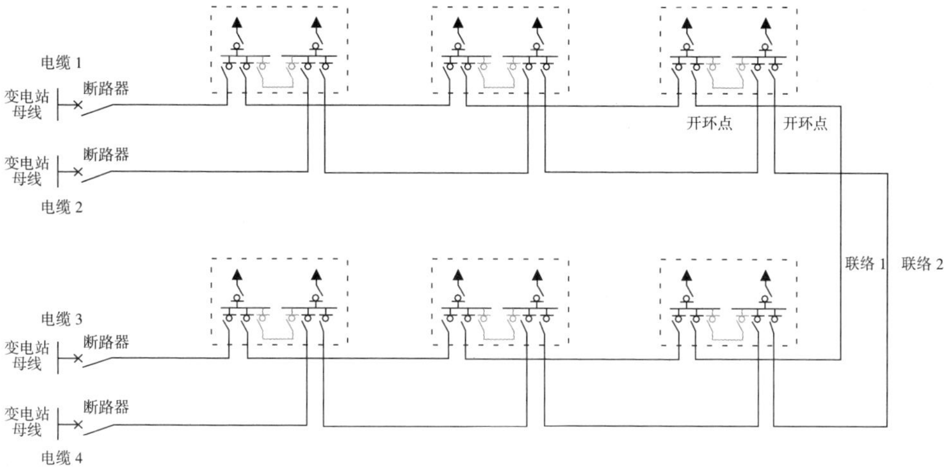

图 8-7　电缆双环式结构示意图

⑤N 供一备。

N 条电缆线路连成电缆环网运行,另外一条线路作为公共的备用线路。非备

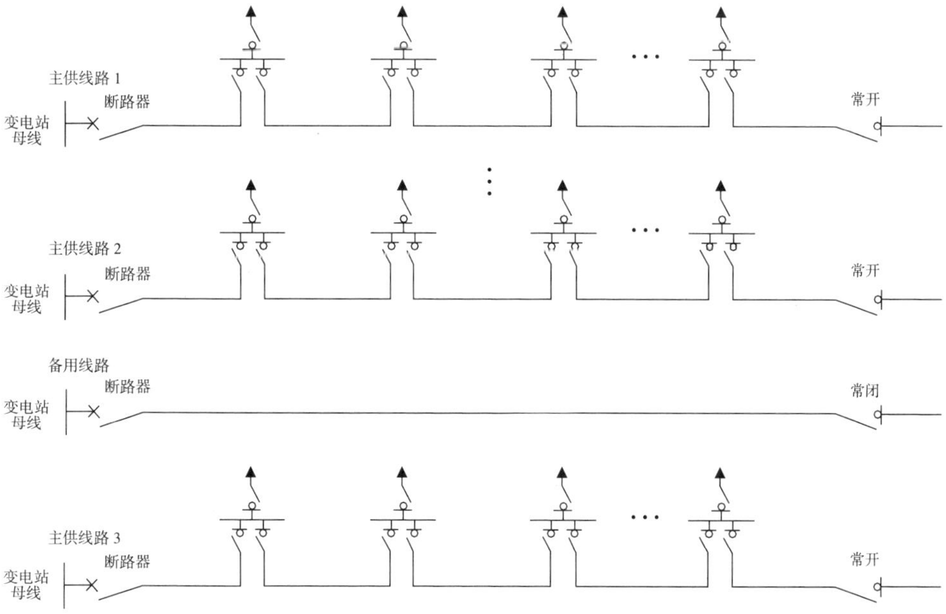

图 8-8　电缆 N 供 1 备结构示意图

用线路可满载运行，若某条运行线路出现故障，可以通过切换将备用线路投入运行，N供一备结构线路利用率为N/(N+1)。该模式的N值越大，负载率越高，但是运行操作复杂，一般N最大取4。大于4的接线运行方式复杂，同时联络线的长度较长，投资较大，线路负载率的提高也不再明显。

N供一备接线方式适用于负荷密度较高、负荷重要性较高、较大容量用户集中、可靠性要求较高的区域，建设备用线路亦可作为完善现状网架的改造措施，用来缓解运行线路重载，以及增加不同方向的电源。

8.1.3 评估指标

评价中压配电网网络结构的主要指标包括中压配电线路平均供电半径、中压架空配电线路平均分段数、中压配电线路联络率。

$$\text{中压配电线路平均供电半径}=\frac{\sum \text{中压公用配电线路供电半径}}{\text{中压公用配电线路总条数}} \tag{8-2}$$

式中，中压公用配电线路供电半径—从变电站中压出线到其供电的最远负荷点之间的线路长度。

$$\text{中压架空配电线路平均分段数}=\frac{\text{中压公用架空线路总分段数}}{\text{中压公用架空线路总条数}} \tag{8-3}$$

式中，中压公用架空线路包括架空线长度超过50%的混合线路。

$$\text{中压配电线路联络率}=\frac{\text{存在联络的中压公用线路条数}}{\text{中压公用配电线路总条数}}\times 100\% \tag{8-4}$$

为了进一步反映中压线路的供电安全性，通过中压配电线路站间联络率反映中压配电网在结构上对上级电网的支撑能力；通过中压配电线路"N-1"通过率反映在供电的任意一个断面，针对一组预想故障，电网能够保持对负荷正常持续供电的能力。

$$\text{中压配电线路站间联系率}=\frac{\text{存在站间联络的中压公用线路条数}}{\text{中压公用配电线路总条数}}\times 100\% \tag{8-5}$$

$$\text{中压配电线路 N-1 通过率}=\frac{\text{满足 N-1 公用线路条数}}{\text{公用线路总条数}}\times 100\% \tag{8-6}$$

式中，满足“N-1”公用线路条数—任一线路停运时，其所带负荷（故障段负荷除外）均能够被相邻联络线路转供的线路条数总和，为检验线路转供能力和简化计算，可只计算 10 kV 线路变电站出口断路器后第一段故障情况。

8.1.4 电网结构比选

结合配电网规划计算分析软件，选取典型模式计算其供电可靠性，通过计算对比各典型模式下供电可靠性指标，并根据不同供电区域的可靠性目标，由上至下分层次筛选适用于各类供电区域的接线方式。

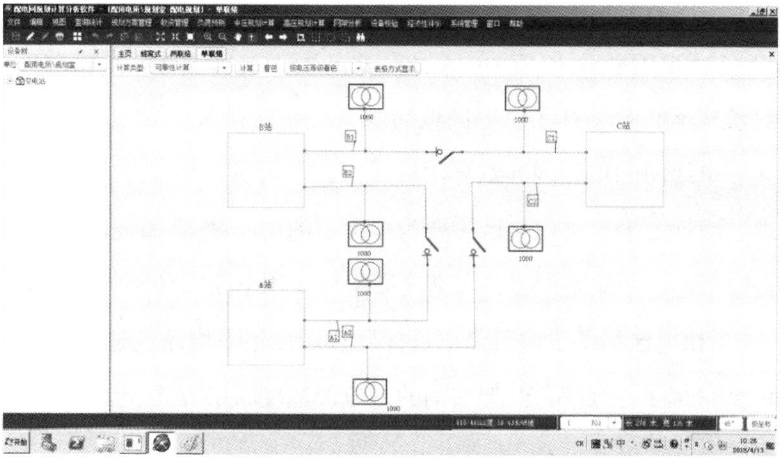

图 8-9 单联络结构可靠性计算分析

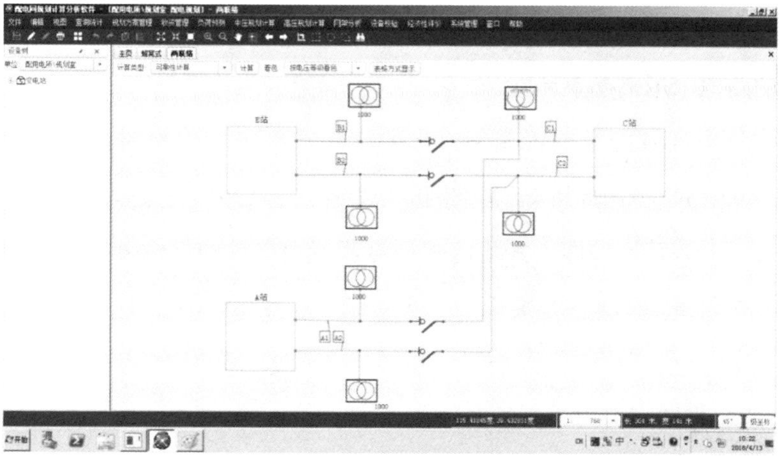

图 8-10 2 联络结构可靠性计算分析

通过计算各类典型模式的供电可靠性指标，参照 A、B、C、D 4 类供电区域的可靠性规划目标，选取其相应的接线模式，具体如下。

A 类供电区域的供电可靠率目标要求用户年平均停电时间不大于 47 min（RS-1≥99.991%）。由此可知，架空网不能满足 A 类供电区域的供电可靠性要求，电缆网的单环网和双环网接线方式均能满足。而且，由于 A 类均为中心城区，城市规划一般不允许再架设架空线路，故该区域内仅考虑电缆网，单环网和双环网均在可选范围内，优先推荐双环网结构。

B 类供电区域的供电可靠率目标要求用户年平均停电时间 B（城）不大于 1.93 h（RS-1≥99.978%）、B（农）不高于 2.19 h（RS-1≥99.975%）。由此可知，架空网单辐射模式不能满足 B 类供电区域的供电可靠性要求，架空网的多分段适度联络方式、电缆网的单环网和双环网接线方式均可满足 B 类供电区域的供电可靠性要求。而且由于 B 类供电区主要为地级市的中心城区、重要城区、重要园区，可根据需要考虑采用架空网多分段适度联络或采用电缆双环网和单环网。

C（农）类供电区域的供电可靠率目标要求用户年平均停电时间不大于 4.56 h（RS-1≥99.948%）。由此可知，架空网的多分段适度联络方式、电缆网的单环网和双环网接线方式均可满足 C（农）类供电区域的供电可靠性要求，而架空线的单辐射模式不能满足要求。而且由于 C（农）类供电区一般为县城或县级园区，综合考虑可靠性和经济性，优先考虑采用架空网多分段适度联络，在县城内架空线路实施困难的路段采用电缆单环网。

D 类供电区域的供电可靠率目标要求用户年平均停电时间不大于 7.45 h（RS-1≥99.915%）。由此可知，架空网的单联络方式和多分段适度联络方式、电缆网的单环网和双环网接线方式均可满足 D 类供电区域的供电可靠性要求，而架空线的单辐射模式不能满足要求。综合考虑可靠性和经济性，D 类供电区域推荐全部采用架空网，接线方式以单联络和多分段适度联络为主，若部分偏远地区难以实现联络，近期可采用单辐射方式。

8.1.5 目标电网结构

通过上述中压网架结构对比研究，宁夏地区A类供电区过渡期可采用电缆网的双环网、单环网，目标全部完善为双环网；B(城)类供电区过渡期主要采用电缆网的单环网和单辐射结构，目标完善为双环网、单环网结构；B(农)类供电区过渡期主要采用电缆网的单环网和单辐射结构，架空网的单联络和多分段适度联络，目标电缆网完善为单环网结构，架空网完善为多分段适度联络结构；C(农)类供电区尽量采用架空网，过渡期多分段适度联络、单联络，若有特殊要求可少量采用电缆网的单环网结构，目标架空网完善为多分段适度联络结构，在县城内架空线路实施困难的路段采用电缆单环网；D类供电区仅考虑架空网，建议过渡期可以采用多分段单联络或单辐射结构，目标网架完善为多分段适度联络、单联络。

表8-1 10 kV接线模式表

序号	供电区类型	过渡期接线模式		目标接线模式	
		架空网	电缆网	架空网	电缆网
1	A	—	双环网、单环网	—	双环网
2	B(城)	—	单环网、单辐射	—	双环网、单环网
3	B(农)	单联络、多分段适度联络(n≤3)	单环网、单辐射	多分段适度联络(n≤3)	单环网
4	C(农)	单联络、多分段适度联络(n≤3)	单辐射、单环网	多分段适度联络(n≤3)	单环网
5	D	单联络、单辐射	—	多分段适度联络(n≤3)、单联络	—

8.2 网格化目标网架结构

8.2.1 目标网架规划

目标网架规划应在饱和年空间负荷预测的基础上，结合现状电网、电力需求情况，以上级电网规划为边界条件，构建区域饱和年目标网架。用户专线与专变的接入方案要与目标网架规划相适应。

目标网架选择应满足供电可靠、运行灵活、降低网络损耗的要求，高、中、低压配电网3个层级应相互匹配、强简有序、相互支援，以实现配电网技术经济整体最优。

目标网架规划应包括网架接线形式、线路路径、建设型式等，宜从供电能力、负荷转供、间隔统筹、负荷接入、廊道预留等方面论述目标网架规划的科学性、合理性。

目标网架方案应参照《配电网规划设计技术导则》Q/GDW 10738—2020、《配电网典型供电模式》(发展规二〔2014〕21号)等相关要求制定，饱和年供电单元内宜形成1~3组10 kV标准接线组，每个供电单元原则上应至少由2个上级电源供电。

8.2.2 过渡方案

过渡期网架规划应在近期负荷预测的基础上，根据区域内变电站建设时序，统筹变电站间隔资源分配，科学制订现状电网到目标网架的过渡方案。

制订供电单元过渡方案时，应明确各供电单元接线随负荷变化的过渡过程，提出用户接入方案和新能源消纳方案，同时应满足配电网智能化建设需求。

应根据配电网发展成熟度，对规划建成区、规划建设区和自然发展区区域采用差异化规划策略。规划原则如下。

(1)规划建成区内的供电单元

①对于已形成标准接线的供电单元，按照改造量最少的原则逐步向电缆环网、架空多分段适度联络目标网架过渡。

②对于网架结构复杂、尚未形成标准接线的区域，适度简化线路接线方式，取消冗余联络及分段，一次性改造完成。

(2)规划建设区内的供电单元

在固化现有线路运行方式的基础上，结合变电站资源、用户用电时序、市政配套电缆沟建设情况、中压线路利用率等因素按照投资最少、后期建设浪费最少的原则逐步向电缆环网、架空多分段适度联络或单联络网架过渡，有条件区域按目标网架建设。

(3)自然发展区内的供电单元

对于市政规划暂不明确，无法确定负荷增长点的区域，依据供电单元内现状电网评估结论，重点解决电网突出问题，提升短板指标，并结合负荷发展情况，构建单环网、三分段两联络或单联络等标准接线。

8.2.3 配电网廊道规划

廊道规划应根据区域发展情况，采用差异化建设策略。

①对于规划建成区，宜以增加既有隧道和管井的连通为主。

②对于规划建设区，建设初期宜随新建道路修建隧道管井，实现新建管沟全连通。建设中期宜根据城市主干路或次干路建设改造计划拓展隧道和管井，并依托轨道交通等市政工程提前规划、预留隧道或管井的穿越点。

电力管线布局严格按照《城市工程管线综合规划规范》GB 50289—2016 要求，10 kV 电缆通道规划尺寸控制见下表。

表 8–2　10 kV 电缆通道规划尺寸控制表

序号	通道类型	通道尺寸/m
1	电缆沟	1.5×2.0（L×H）
2	电缆沟	2.0×2.0（L×H）

注：表中 L 表示长度，H 表示高度

电缆通道方案断面示意图如下：

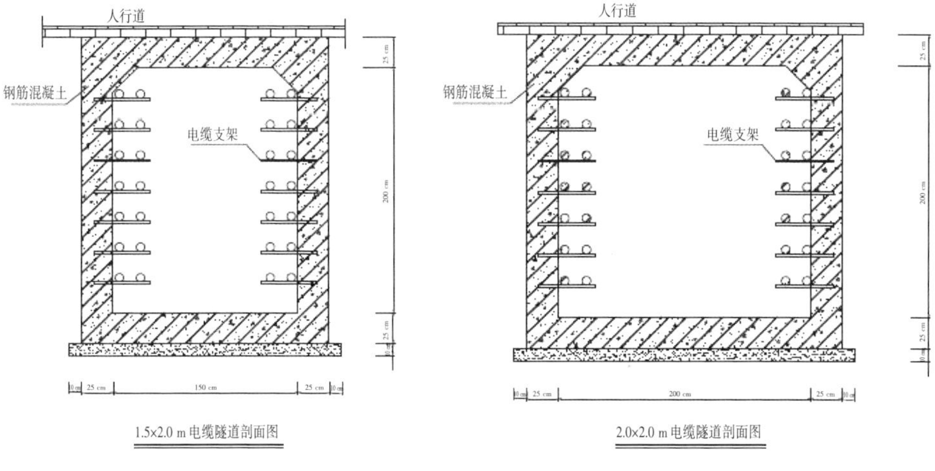

图 8–11　电缆通道方案断面示意图

8.3 电力线路选择

8.3.1 导线选择原则

（1）10 kV 配电网主干线截面宜综合饱和负荷状况、线路全寿命周期一次选定。

（2）在市区、城镇、林区、人群密集区域、线路走廊狭窄等地区，如架设常规裸导线与建筑物间的距离不能满足安全要求，宜采用架空绝缘线路。

（3）导线截面选择应系列化，同一规划区的主干线导线截面不宜超过 3 种。

（4）10 kV 线路供电半径应满足末端电压质量的要求。依据各类供电区域的负荷密度、10 kV 线路导线截面选取和线路压降要求等，通过计算得出各类供电区域 10 kV 线路的供电半径。

（5）配电系统各级容量应保持协调一致，上一级主变容量与 10 kV 出线间隔及线路导线截面应相互配合。

8.3.2 导线截面选择

导线截面选择采用的论证方法是根据不同供电区的安全准则要求以及不同导线型号的输送能力，计算满足线路“N-1”校验时不同线路负载率情况下，需要的导线截面就是最终建议值。

根据不同的电网结构，考虑正常运行中线路的“N-1”要求，进行线路截面选择论证。宁夏不同供电分区 10 kV 线路主干截面选择可参考下表。

表 8-3　10 kV 主干线截面推荐表

单位：MVA、mm^2

供电分区	110~35 kV 主变容量	主干线截面推荐	
		电缆	架空
A	63	300、400	—
B(城)、B(农)	50、63	300、400	185、240
C(农)	50、63	300	185、240
D	50、10	—	120、185、240

注：中压架空线路通常为铝绞线，B、C 类供电区域的中压架空线路宜采用架空绝缘线。在穿越树林地带，宜采用架空绝缘线路

8.4 配电变压器配置

8.4.1 配电变压器型式选择

①配电变压器应采用节能环保型、低损耗、低噪音变压器(如非晶合金变压器、卷铁芯),其绕组接线组别为 Dyn11,且三相均衡接入负荷。配变可根据环境需要采用干式或油浸式。

②配电变压器可以选择三相和单相变压器。农村地区宜选用三相柱上变压器,在负荷密度低、负荷分散等条件下,单相配电方式具有一定优势,以下情况可考虑采用单相配电方式:

A. 用户分散或者呈团簇式分布区域,地形狭窄或狭长的区域。

B. 纯单相负荷的农村居住区。

C. 城镇低压供电系统需改造的老旧居住区。

D. 单相供电的公共设施负荷,如路灯。

E. 其他一些具有特别条件的区域。

③10 kV 配电室一般配置双路电源,10 kV 侧一般采用环网开关,220/380 V 侧为单母线分段接线。配电室一般独立建设。受条件所限必须进楼时,可设置在地下一层,但不应设置在最底层,变压器宜选用干式。易涝区域配电室不应设置在地下。

④10 kV 箱式变电站仅限于配电室建设改造困难的情况,如架空线路入地改造地区、配电室无法扩容改造的地区,以及施工用电、临时用电等,一般配置单台变压器。

8.4.2 配电变压器容量配置

(1)基本原则

配电变压器应尽量靠近负荷中心,降低低压供电半径。综合考虑客户申请容量、用电设备总容量,并结合生产特性兼顾主要用电设备的同时率、同时系数等因素后确定用电容量。

对于用电季节性较强、负荷分散性大的中压电力用户，可通过增加变压器台数、降低单台容量来提高运行的灵活性，解决淡季和低谷负荷期间变压器经济运行的问题。

配电变压器应按“小容量、密布点、短半径”原则进行配置。

为提高配电变压器的经济运行水平，其最大负荷电流不宜低于额定电流的60%。

(2)容量选取

10 kV 配电室变压器单台容量不宜超过 800 kVA。10 kV 箱式变电站容量不宜超过 630 kVA。10 kV 柱上变压器单台容量不宜超过 400 kVA。

宁夏各地市不同供电分区 10 kV 公用变压器容量推荐见下表。

表 8-4　10 kV公用变压器容量推荐

省级	供电分区	主要公变容量/kVA
宁夏	A	400、630、800
	B(城)	400、630、800
	B(农)	400、630、800
	C(农)	200、400、630
	D	100、200、400

(3)评估指标

户均配电变压器容量是评价中压配电网公用变压器供电能力的重要指标，其计算公式如下：

$$户均配电变压器容量=\frac{公用配电变压器容量}{低压用户数} \tag{8-1}$$

9 低压配电网规划

宁夏低压配电网的电压等级采用 380/220 V，低压配电网负责向 90%以上的电力用户供电。低压配电网具有电网结构简单、元件数量众多、负荷特性复杂、网络损耗较大等特点。低压配电网的优劣直接影响用户供电可靠性和线损等重要指标。

由于低压配电网规模庞大，工程数量众多，难以做到类似高中压配电网的详细规划，低压配电网规划多直接采用标准化典型设计方案，电网结构为辐射状结构，依据低压线路走向分区供电。近年来，分布式光伏、电动汽车大量接入低压配电网，对低压配电网的典型设计提出了更高的要求。

本章主要从线路选择等方面，分析介绍低压配电网规划的一般流程和内容。

9.1 基本原则

低压配电网网络规划应结合上级网络，满足供电能力和电能质量的要求，基本原则如下：

①低压配电网应实行分区供电，低压线路应有明确的供电范围。

②低压配电网应接线简单、操作方便、运行安全，具有一定灵活性和适应性，主干线宜一次建成。

③导线截面选择应系列化，同一规划区内主干线导线截面不宜超过 3 种。

④低压配电网采用电缆线路的要求原则上和中压配电网相同，可采用排管、沟槽、直埋等敷设方式。穿越道路时，应采用抗压力保护管。

9.2 低压线路选择

导线截面选择是在标准化物料范围内，结合现有不同地区的配变负载率现状以及负荷增长趋势，确定最终建议导线截面。

在满足宁夏公用配变经济负载运行下，计算低压线路所需承载电流值，对应确定相应低压线路截面选取。

表 9-1 低压线路截面推荐表

省级	供电分区	架空截面推荐/mm^2	电缆截面推荐/mm^2
宁夏	A	—	150、240
	B(城)	120、150	120、150
	B(农)	120、150	120、150
	C(农)	120、150	120、150
	D	70、120	—

10　配电网智能化规划

配电网二次系统是配电网不可缺少的重要组成部分，是配电网智能化技术应用的主要载体。配电网二次系统规划应与配电网一次系统规划相适应，以确保一次系统和二次系统协调发展，有效保障配电网安全、可靠、经济运行。

配电网二次系统由配电自动化系统、配电网通信系统、感知终端系统等部分构成，可以实现对配电网的监测、控制和管理。在配电网规划中，要统筹考虑二次系统的整体设计方案，确保配电自动化系统、配电网通信系统、感知终端系统之间的有序衔接、相互配合和信息共享。在二次系统规划时要积极探索新技术的应用，并在条件允许的情况下逐步推广应用云计算、大数据、物联网和移动通信等新技术，以提升配电网的智能化水平，充分挖掘配电网在资源优化配置、电能合理使用、节能降耗和提高能效等方面的潜力，满足分布式电源、电动汽车和储能等多元化负荷快速发展的需要。

本章分别介绍了电网自动化系统、配电网通信系统和感知终端系统的规划原则、实施要求和建设模式，以有效指导二次系统规划。

10.1　一般要求

①配电网智能化应采用先进的信息、通信、控制技术，支撑配电网状态感知、自动控制、智能应用，满足电网运行、客户服务、企业运营、新兴业务的需求。

②配电网智能化应适应能源互联网发展方向，以实际需求为导向，差异化部署智能终端感知电网多元信息，灵活采用多种通信方式满足信息传输可靠性和实

时性,依托统一的企业中台和物联管理平台实现数据融合、开放共享。

③配电网智能化应遵循标准化设计原则，采用标准化信息模型与接口规范，落实公司信息化统一架构设计、安全防护总体要求。

④配电网智能化应采用差异化建设策略,以不同供电区域供电可靠性、多元主体接入等实际需求为导向,结合一次网架有序投资。

⑤配电网智能化应遵循统筹协调规划原则。配电终端、通信网应与配电一次网架统筹规划、同步建设。对于新建电网,一次设备选型应一步到位,配电线路建设时应一并考虑光缆资源需求;对于不适应智能化要求的已建成电网,应在一次网架规划中统筹考虑。

⑥配电网智能化应遵循先进适用原则,优先选用可靠、成熟的技术。对于新技术和新设备,应充分考虑效率效益,可在小范围内试点应用后,经技术经济比较论证后确定推广应用范围。

⑦配电网智能化应贯彻资产全寿命周期理念。落实企业级共建共享共用原则,与云平台统筹规划建设,并充分利用现有设备和设施,防止重复投资。

10.2 电网自动化系统

10.2.1 电网自动化总体要求

①配电自动化是提高配网运行管理水平和供电可靠性水平的有效手段。配电自动化建设应与配电网规划相衔接,并结合供电安全水平要求和区域条件,因地制宜开展。

②实施配电自动化前应对区域供电可靠性、一次网架、配电设备等进行评估,在配电网网架结构布局合理、成熟稳定的区域或需求迫切的区域,制定合理的、符合实际需求的配电自动化建设方案。选择实施配电自动化的区域应满足以下条件:

A. 变电站之间应具备相互支援的能力,且其供电区域内负荷增长缓慢。

B. 相互联络的 10 kV 线路应具备转供能力（宜优先采用不同变电站之间的

联络)，其中 10 kV 架空主干线应合理设置分段数且分段负荷均衡。

③应根据网架结构、设备状况和应用需求合理选用自动化终端。对网架中的关键性节点，如架空线路联络开关，进出线较多的开关站、配电室和环网单元，可采用遥信、遥测、遥控配置；对网架中的一般性节点，如分支开关、无联络的末端站室，可采用遥信、遥测配置。

④应根据需要实现遥信、遥测、遥控功能，合理配置开关辅助触点、电动操作机构、电流互感器、电压互感器、后备电源等设备。

⑤对规划实施的配电自动化区域内的电网进行设计(开关站、环网单元、配电室、箱变、柱上开关等配电设施)时，应考虑配电终端所需的安装位置、电源及接口等。

⑥配电自动化系统主站要根据各地区配电网规模和应用需求合理配置，其支撑平台应一次性建设完成，功能选择应根据系统容量要求决定。

⑦配电自动化建设应与配电网一次网架相协调。A+、A 类供电区域宜采用集中式或智能分布式，具备快速的故障恢复能力；B、C 类供电区域可根据实际需求采用集中式、就地型重合器式或故障指示器方式；D 类供电区域宜采用就地型重合器式或故障指示器方式。

10.2.2 配电自动化规划原则

配电自动化规划设计应遵循经济实用、标准设计、差异区分、资源共享、同步建设的原则，并满足安全防护的要求。

①经济实用原则。配电自动化规划设计应根据不同类型供电区域的供电可靠性需求，采取差异化技术策略，避免因配电自动化建设造成电网频繁改造，同时注重系统功能实用性，结合配网发展有序投资，充分体现配电自动化建设应用的投资效益。

②标准设计原则。配电自动化规划设计应遵循配电自动化技术标准体系，配电网一、二次设备应依据接口标准设计，配电自动化系统设计的图形、模型、流程等应遵循国标、行标、企标等相关技术标准。

③差异区分原则。根据城市规模、可靠性需求、配电网目标网架等情况，合理

选择不同类型供电区域的故障处理模式、主站建设规模、配电终端配置方式、通信建设模式、数据采集节点及配电终端数量。

④资源共享原则。配电自动化规划设计应遵循数据源端唯一、信息全局共享的原则，利用现有的调度自动化系统、设备（资产）运维精益管理系统、电网 GIS 平台、营销业务系统等相关系统，通过系统间的标准化信息交互，实现配电自动化系统网络接线图、电气拓扑模型和支持电网运行的静、动态数据共享。

⑤规划建设同步原则。配电网规划设计与建设改造应同步考虑配电自动化建设需求，配电终端、通信系统应与配电网实现同步规划、同步设计。对于新建电网，配电自动化规划区域内的一次设备选型应一步到位，避免因配电自动化实施带来的后续改造和更换。对于已建成的电网，配电自动化规划区域内不适应配电自动化要求的，应在配电网一次网架设备规划中统筹考虑。

⑥安全防护要求。配电自动化系统建设应遵循国家电力监管委员会第 5 号令等有关技术要求及国家电网有限公司关于中低压配电网安全防护的相关规定。

10.2.3 调度自动化配置

①调度自动化系统应满足电网发展建设和运行控制的要求，功能涵盖所服务的各级调度（调控）中心业务，以优化合理的调度数据网为支撑，以完善的电力监控系统安全防护为保障，实现调度决策智能化、运行控制精益化，满足调度一体化管理和调控一体化运行的要求。

②调度自动化系统宜按照统一规范，采用一体化、模块化、智能化的模式设计和建设，应遵循开放、可靠、安全、集约、易用、可维护和可管理的设计原则。

③系统通过建设一个标准、开放的基础平台集成调度（调控）中心各项业务开展所需的全部应用功能。平台为各类应用提供统一的模型、数据、CASE、总线、人机界面、系统管理等服务，为各类应用的开发、运行和管理提供通用的技术支撑，为整个系统的集成、高效、可靠提供保障。

④各应用功能应采用模块化方式建设，遵循统一的接口要求，通过接入基础平台实现信息交互和一体化运行。

⑤调度自动化系统应通过标准化的接口、统一的模型、高效的数据传输手段，为各级调度（调控）中心之间业务的一体化运作提供技术支撑。

⑥调度自动化系统在建设过程中，应充分考虑原系统与新系统之间的平稳过渡方案，确保对电力系统监控的连续性。应考虑新系统安装调试期间的安全保障及应急措施，避免新系统调试影响电网正常运行。应设计原系统向新系统的数据迁移方案，保证系统历史数据的完整性和连续性。

⑦调度自动化系统功能配置应能支持对包括智能变电站、柔性输电、间歇式能源等在内的各类设备的监视和控制，应能有效分析处理海量电网监控和设备在线监测数据，为电网优化运行、紧急控制、故障恢复提供支持。

⑧系统应基于电网运行新的需求和信息通信技术的发展，不断优化提升，拓展新功能。

10.2.4　配电自动化配置

配电自动化系统由主站、终端设备、子站（可选）和通信信道所组成，一般采用两层结构（即主站层和终端设备层）；在选用子站时，可采用三层结构（即主站层、子站层和终端设备层）。也可采用开关设备间相互配合进行故障处理的无主站模式。

配电自动化系统架构参见下图：

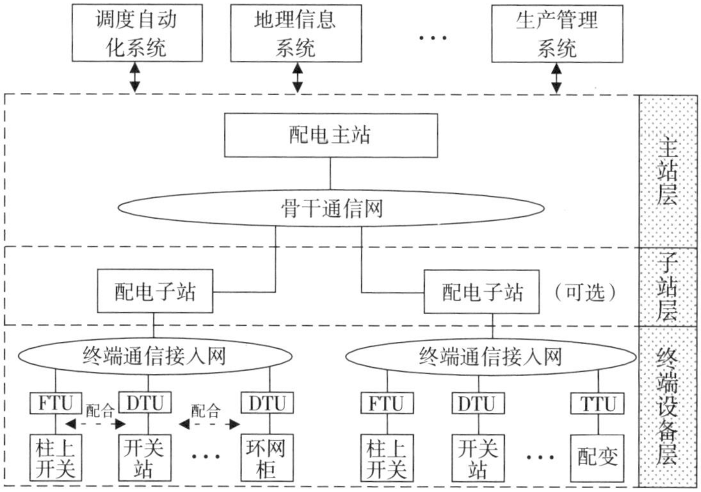

图 10-1　配电自动化系统架构

10.3 配电网智能终端

①配电网智能终端应以状态感知、即插即用、资源共享、安全可靠、智能高效为发展方向，统一终端标准，支持数据源端唯一、边缘处理。

②配电网智能终端应按照差异化原则逐步覆盖配电站室、配电线路、分布式电源及电动汽车充电桩等配用电设备，采集配电网设备运行状态、电能计量、环境监测等各类数据。

③110~35 kV 变电站应按照 GB 50059—2011、GB/T 51072—2014 的要求配置电气量、设备状态监测、环境监测等智能终端。

④110~35 kV 架空线路在重要跨越、自然灾害频发、运维困难的区段，可配置运行环境监测智能终端。

⑤配电自动化终端宜按照监控对象分为站所终端（DTU）、馈线终端（FTU）、故障指示器等，实现“三遥”“二遥”等功能。配电自动化终端配置原则应满足 DL/T 5542—2018、DL/T 5729—2016 要求，宜按照供电安全准则及故障处理模式合理配置，各类供电区域配电自动化终端的配置方式见下表。

表 10-1 配电自动化终端配置方式

供电区域类型	A	B	C	D
终端配置方式	“三遥”或“二遥”	“二遥”为主，联络开关和特别重要的分段开关也可配置“三遥”	“二遥”为主，如确有必要经论证后可采用少量“三遥”	“二遥”

⑥在具备条件的区域探索低压配电网智能化，公用配变台区可配置能够监测低压配电网的智能终端。

⑦智能电表作为用户电能计量的智能终端，宜具备停电信息主动上送功能，可具备电能质量监测功能。

⑧接入 10 kV 及以上电压等级的分布式电源、储能设施、电动汽车充换电设施的信息采集应遵循 GB/T 33593—2017、GB/T 36547—2018、GB 50966—2014 标准，并将相关信息上送至相应业务系统。

10.4 配电通信网

10.4.1 基本要求

①配电通信网应满足配电自动化系统、用电信息采集系统、分布式电源、电动汽车充换电设施及储能设施等源网荷储终端的远程通信通道接入需求，适配新兴业务及通信新技术发展需求。

②110~35 kV 配电通信网属于骨干通信网，应采用光纤通信方式；中压配电通信接入网可灵活采用多种通信方式，满足海量终端数据传输的可靠性和实时性，以及配电网络多样性、数据资源高速同步等方面需求，支撑终端远程通信与业务应用。

③配电网规划应同步考虑通信网络规划，根据业务开展需要明确通信网建设内容，包括通信通道建设、通信设备配置、建设时序与投资等。

④应根据中压配电网的业务性能需求、技术经济效益、环境和实施难度等因素，选择适宜的通信方式（光纤、无线、载波通信等）构建终端远程通信通道。当中压配电通信网采用以太网无源光网络（EPON）、千兆无源光网络（GPON）或者工业以太网等技术组网时，应使用独立纤芯。

⑤无线通信包括无线公网和无线专网方式。无线公网宜采用专线接入点（APN）/虚拟专用网络（VPN）、认证加密等接入方式；无线专网应采用国家无线电管理部门授权的无线频率进行组网，并采取双向鉴权认证、安全性激活等安全措施。

⑥配电通信网宜符合以下技术原则：

A. 110 kV 变电站和 B 类及以上供电区域的 35 kV 变电站应具备至少 2 条光缆路由，具备条件时采用环形或网状组网。

B. 中压配电通信接入网若需采用光纤通信方式的，应与一次网架同步建设。其中，工业以太网宜采用环形组网方式，以太网无源光网络（EPON）宜采用“手拉手”保护方式。

10.4.2 通信方式选择

①配电自动化“三遥”终端宜采用光纤通信方式,“二遥”终端宜采用无线通信方式。在具有“三遥”终端且选用光纤通信方式的中压线路中,光缆经过的“二遥”终端宜选用光纤通信方式;在光缆无法敷设的区段,可采用无线通信方式进行补充。

②根据实施配电自动化区域的具体情况选择合适的通信方式。具体通信方式可参考下表。

表 10–2　通信方式推荐表

供电区域	通信方式
A+、A	光纤
B(城)、B(农)	光纤
C(农)	光纤或无线通信
D	无线通信为主

10.5　配电网业务系统

①配电网业务系统主要包括地区级及以下电网调度控制系统、配电自动化系统、用电信息采集系统等。配电网各业务系统之间宜通过信息交互总线、企业中台、数据交互接口等方式,实现数据共享、流程贯通、服务交互和业务融合,满足配电网业务应用的灵活构建、快速迭代要求,并具备对其他业务系统的数据支撑和业务服务能力。

②110~35 kV 变电站的信息采集、控制由地区及以下电网调度控制系统的实时监控功能实现,并应遵循 DL/T 5002—2021 相关要求。在具备条件时,可适时开展分布式电源、储能设施、需求响应参与地区电网调控的功能建设。

③配电自动化系统是提升配电网运行管理水平的有效手段,应具备配电 SCADA、馈线自动化及配电网分析应用等功能。配电自动化系统主站应遵循 DL/T 5542—

2018、DL/T 5729—2016 相关要求，应根据各区域电网规模和应用需求进行差异化配置，合理确定主站功能模块。

④电力用户用电信息采集系统应遵循 DL/T 698—2010 相关要求，对电力用户的用电信息进行采集、处理和实时监控，具备用电信息自动采集、计量异常监测、电能质量监测、用电分析和管理、相关信息发布、分布式能源监控、负荷控制管理、智能用电设备信息交互等功能。

10.6 信息安全防护

①信息安全防护应满足国家发展和改革委员会 2014 年第 14 号令《电力监控系统安全防护规定》及 GB/T 36572—2018、GB/T 22239—2019 的要求，满足安全分区、网络专用、横向隔离、纵向认证要求。

②位于生产控制大区的配电业务系统与其终端的纵向连接中使用无线通信网、非电力调度数据网的电力企业其他数据网、或者外部公用数据网的虚拟专用网络方式（VPN）等进行通信的，应设立安全接入区。

11 用户及电源接入要求

11.1 用户接入

电力用户是配电网服务的主要对象之一，电力用户接入配电网的业扩工程需纳入配电网规划统筹考虑，接入方案应符合配电网典型目标网架要求，并根据用户用电性质、用电容量、用电需求、用户发展规划，结合供电条件等因素，进行技术经济比较后确定。

电力用户接入应满足配电网和用户安全用电的要求，确保用户对电网电能质量的影响符合国家标准的规定。向电力用户供电的线路、接线方式应满足用户的供电可靠性的要求，供电能力应满足用户近期和中远期的电力需求，无功补偿装置配置应符合国家和电力行业标准规定，计量方式、计量点设置、计量装置配置应正确合理。用户用电性质应分类正确，根据需要合理选择供电电压等级，用户接入工程在符合配电网典型目标网架的基础上，原则上就近选择接入电源点，确保用户受电端有合格的电能质量。

本节从电力用户接入技术原则、接入设计等方面，分析介绍电力用户接入设计的一般流程和内容。

用电负荷应根据对供电可靠性的要求，以及中断供电将危害人身安全和公共安全，在政治或经济上造成损失或影响的程度等因素进行分级。根据《供配电系统设计规范》GB 50052—2009，对电力负荷的分级规定如下。

一级负荷：中断供电将引发人身伤亡的，造成环境严重污染的，发生中毒、爆炸和火灾的，造成重大政治影响、经济损失的，造成社会公共秩序严重混乱的（若中断供电将发生中毒、爆炸和火灾等情况的负荷，以及特别重要场所不容许中断供电的负荷，应视为特别重要客户）。

二级负荷：中断供电将造成较大政治影响、经济损失的，造成社会公共秩序混乱的。

三级负荷：不属于一级负荷和二级负荷的为三级负荷。

11.1.1 接入原则

①用户接入应符合国家和行业标准，不应影响电网的安全运行及电能质量。

②用户的供电电压等级应根据当地电网条件、供电可靠性要求、供电安全要求、最大用电负荷、用户报装容量，经过技术经济比较论证后确定。可参考表 11-1，结合用户负荷水平确定，并符合下列规定：

A. 对于供电距离较长、负荷较大的用户，当电能质量不满足要求时，应采用高一级电压供电。

B. 小微企业用电设备容量 160 kW 及以下可接入低压电网，具体要求应按照国家能源主管部门和地方政府相关政策执行。

C. 低压用户接入时应考虑三相不平衡影响。

表 11-1 用户接入容量和供电电压等级参考表

供电电压等级	用电设备容量	受电变压器总容量
220 V	10 kW 及以下单相设备	—
380 V	100 kW 及以下	50 kVA 及以下
10 kV	—	50 kVA~10 MVA
35 kV	—	5 MVA~40 MVA
110 kV	—	20 MVA~100 MVA

③应严格控制变电站专线数量，以节约廊道和间隔资源，提高电网利用效率。

④受电变压器总容量 100 kVA 及以上的用户，在高峰负荷时的功率因数不宜低于 0.95；其他用户和大、中型电力排灌站，功率因数不宜低于 0.90；农业用电功率因数不宜低于 0.85。

⑤重要电力用户供电电源配置应符合 GB/T 29328—2018 的规定。重要电力用户供电电源应采用多电源、双电源或双回路供电，当任何一路或一路以上电源发生故障时，至少仍有一路电源应能满足保安负荷供电要求。特级重要电力用户应采用多电源供电；一级重要电力用户至少应采用双电源供电；二级重要电力用户至少应采用双回路供电。

⑥重要电力用户应自备应急电源，电源容量至少应满足全部保安负荷正常供电的要求，并应符合国家有关技术规范和标准要求。

⑦用户因畸变负荷、冲击负荷、波动负荷和不对称负荷对公用电网造成污染的，应按“谁污染、谁治理”和“同步设计、同步施工、同步投运、同步达标”的原则，在开展项目前期工作时提出治理、监测措施。

11.1.2 接入设计

11.1.2.1 供电电源点确定

（1）基本原则

①电源点应具备足够的供电能力，能提供合格的电能质量，以满足客户的用电需求；在选择电源点时应充分考虑各种相关因素，确保电网和客户端变电所的安全运行。

②对多个可选的电源点，应进行技术经济比较后确定。

③根据客户的负荷性质和用电需求，确定电源点的回路数和种类。

④根据地形、地貌和道路规划要求，就近选择电源点。路径应短捷顺直，减少与道路交叉，避免近电远供、迂回供电。

（2）电源点选择

①用户接入配电网的电源点选择，应与配电网规划紧密衔接，统筹考虑电网发展、变电站间隔利用、廊道资源、建设时序等因素，综合确定供电电源。

②用户接入中压配电网，应满足中压线路的供电安全要求，每个中压分段上接入的多个用户构成的组负荷不超过 2 MW。当新增用户报装容量超过组负荷的容量要求时，应考虑接入不同的中压分段。10 kV 用户接入不应引起中压线路和 110、35 kV 变压器过载运行。

③用户接入低压配电网，应满足低压线路（配电变压器）的供电安全要求。低压用户接入不应引起低压线路和配电变压器过载运行，不应引起末端用户的电压质量问题。

（3）供电电源配置

①供电电源配置应依据客户的负荷等级、用电性质、用电容量、当地供电条件等因素进行技术经济比较，与客户协商确定。

A. 对具有一级负荷的客户应采用双电源供电，对具有二级负荷的客户应采用双电源或双回路供电。其保安电源应符合独立电源的条件。该类客户应自备应急电源，同时应配备非电性质的应急措施。

B. 对三级负荷的客户可采用单电源供电。

②双电源、多电源供电时宜采用同一电压等级电源供电。

③应根据客户的负荷性质及其对用电可靠性要求和城乡发展规划，选择采用架空线路、电缆线路或架空－电缆混合线路供电。

11.1.2.2　电力用户接入设计内容

电力用户接入的规划设计主要内容是指根据用户用电容量、用电性质和电网现行情况及规划要求，确定可行的系统供电方案。主要内容如下。

①根据用户电力负荷对供电可靠性的要求及中断供电在政治、经济上所造成损失或影响的程度进行分级。

②根据用户的用电容量、用电性质、用电时间，以及用电负荷的重要程度，考虑当地公共电网现状、通道等社会资源利用效率及其发展规划等因素，经技术经济比较后确定供电电源电压等级以及高压供电、低压供电、临时供电等供电方式。

③根据配电网规划及现有系统可开放容量，确定用户的电源点。

④根据用电负荷的重要程度确定多电源供电方式，提出保安电源、自备应急电源的应急措施的配置要求。

⑤根据不同用户性质，确定用电容量和变压器容量。

⑥根据不同电压等级及负荷性质确定电气主接线形式和运行方式。

⑦根据地区供电条件、负荷性质、用电容量和运行方式确定主变压器的台数和容量。

⑧同时，还需要确定电能计量、电能质量治理、无功补偿、继电保护、自动装置等方面配置要求。在工程设计中，进一步明确相应的电气设备选型。

制订用户接入方案设计时，用户接入方案应符合电网建设、改造和发展规划的要求，满足客户近期、远期对电力的需求，并留有裕度。同时，用户接入应严格控制专线数量，以节约通道和间隔资源，提高电网利用效率。

11.1.2.3　重要电力用户接入要求

(1)重要用户分级

根据供电可靠性的要求以及中断供电危害程度，重要用户可进一步细化分类为特级、一级、二级重要用户和临时性重要用户。电力用户具体分级标准如下：

特级重要用户，指在管理国家事务中具有特别重要作用，中断供电将可能危害国家安全的电力用户。

一级重要用户，是指中断供电将可能产生下列后果之一的电力用户：直接引发人身伤亡的；造成严重环境污染的；发生中毒、爆炸或火灾的；造成重大政治影响的；造成重大经济损失的；造成较大范围社会公共秩序严重混乱的。

二级重要用户，是指中断供电将可能产生下列后果之一的电力用户：造成较大环境污染的；造成较大政治影响的；造成较大经济损失的；造成一定范围社会公共秩序严重混乱的。

临时性重要电力用户，是指需要临时特殊供电保障的电力用户。

(2)供电电源配置原则

①重要电力用户的供电电源一般包括主供电源和备用电源。重要电力用户的

供电电源应依据其对供电可靠性的需求、负荷特性及用电设备特性、用电容量、对供电安全的要求、供电距离、当地公共电网现状、发展规划及所在行业的特定要求等因素，通过技术经济比较后确定。

②重要电力用户电压等级和供电电源数量应根据其用电需求、负荷特性和安全供电准则来确定。

③重要电力用户应根据其生产特点、负荷特性等，合理配置非电性质的保安措施。

④在地区公共电网无法满足重要电力用户的供电电源需求时，重要电力用户应根据自身需求，按照相关标准自行建设或配置独立电源。

(3)供电电源配置技术要求

①重要电力用户的供电电源应采用多电源、双电源或双回路供电。当任何一路或一路以上电源发生故障时，至少仍有一路电源应能对保安负荷持续供电。

②特级重要电力用户宜采用双电源或多路电源供电；一级重要电力用户宜采用双电源供电；二级重要电力用户宜采用双回路供电。

③临时性重要电力用户按照用电负荷的重要性，在条件允许情况下，可以通过临时敷设线路等方式满足双回路或两路以上电源供电条件。

④重要电力用户供电电源的切换时间和切换方式宜满足重要电力用户允许断电时间的要求。切换时间不能满足重要负荷允许断电时间要求的，重要电力用户应自行采取技术手段解决。

⑤重要电力用户供电系统应当简单可靠，简化电压层级，重要电力用户的供电系统设计应按《供配电系统设计规范》GB 50052—2009 执行。如果用户对电能质量有特殊需求，应当自行加装电能质量控制装置。

⑥双电源或多路电源供电的重要电力用户，宜采用同级电压供电。但根据不同负荷需要及地区供电条件，亦可采用不同电压供电。采用双电源或双回路供电的重要电力用户，不应采用同杆架设方式供电。

表 11-2　电力用户供电电源配置及接入

接入用户性质	保证供电方式	接入点
特级重要用户	多电源、双电源、双回路	
自备应急电源	变电站母线、开关站	
一级重要用户	双电源、双回路	变电站(配变)母线、开关站
二级重要用户	双回路	变电站(配变)母线、开关站
临时重要用户	双电源、双回路	变电站(配变)母线、开关站、T 接线路

注:双电源指分别来自 2 个不同方向变电站,或来自不同电源进线的同一变电站内 2 段母线,为同一用户负荷供电的 2 路供电电源。双回路指为同一用户负荷供电的两回供电线路

11.2　电源接入

电源是配电网服务的主要对象之一，接入配电网的电源以分布式电源为主，此外还有少量常规电源,电源接入系统工程需纳入配电网规划统筹考虑,接入方案应符合配电网典型目标网架要求,并根据电源性质、发电容量、电网接入条件等因素,进行技术经济比较后确定。

具有随机性、波动性和间歇性等特点的分布式电源大量接入配电网,改变了配电网的典型结构,尤其是中低压配电网,从“无源”网变为“有源”网,配电网的节点电压、线路潮流、短路电流、可靠性等都不同程度地受到影响,其影响程度与分布式电源的接入点和容量密切相关，这也给配电网的规划设计带来了很大的影响。考虑分布式电源接入的配电网规划,主要分为 2 类:一是分布式电源在配电网中的布点规划,目的是引导分布式电源有序接入配电网,提高配电网接纳分布式电源的能力。规划方案设计以线路投资、网络损耗、电压偏差、配电网年运行费用等为优化目标,合理确定分布式电源的类型、容量和接入点;二是分布式电源的配电网扩展规划,目的是充分发挥分布式电源参与电网调峰的作用,减少配电网为满足短时峰荷用电而进行的电网投资,提高电力设备的利用率,规划方案以电网投资、网络损耗为优化目标,确定满足规划期内负荷增长所需要的系统最佳方案,即由电网改造、新建线路、扩容变(配)电站以及在适当的位置安装分布式电源所

组成的最佳方案。

本章从电源接入技术原则、接入设计等方面，分析介绍电源接入设计的一般流程和内容。

11.2.1 接入原则

①配电网应满足国家鼓励发展的各类电源及新能源、微电网的接入要求，逐步形成能源互联、能源综合利用的体系。

②电源并网电压等级可根据装机容量进行初步选择，可参考表 11-3，最终并网电压等级应根据电网条件，通过技术经济比较论证后确定。

表 11-3 电源并网电压等级参考表

电源总容量范围	并网电压等级
8 kW 及以下	220 V
8 kW~400 kW	380 V
400 kW~6 MW	10 kV
6 MW~100 MW	35 kV、110 kV

③接入 110 kV 及以下配电网的电源，在满足电网安全运行及电能质量要求时，可采用 T 接方式并网。

④在分布式电源接入前，应以保障电网安全稳定运行和分布式电源消纳为前提，对接入的配电线路载流量、变压器容量进行校核，并对接入的母线、线路、开关等进行短路电流和热稳定校核，如有必要也可进行动稳定校核。不满足运行要求时，应进行相应电网改造或重新规划分布式电源的接入。

⑤在满足供电安全及系统调峰的条件下，接入单条线路的电源总容量不应超过线路的允许容量；接入本级配电网的电源总容量不应超过上一级变压器的额定容量以及上一级线路的允许容量。

⑥分布式电源接入应综合考虑负荷需求、调节能力、开发潜力，原则上乡镇开发规模不超过全年最大用电负荷的 80%（根据储能配置比例动态调整），避免负荷

低谷时段光伏反送出现的变压器“超限”问题，充分就地就近接入和消纳。

⑦应遵循“集中汇流建设、就地就近消纳”、“以县为单位开发，以村镇为单元接入”为主的实施路径。接入电压以 10 kV（接入变电站 10 kV 母线或 T 接在馈线上）为主，少量接入 0.4 kV（接入配变低压侧母线或 T 接在馈线上）和 35 kV（接入变电站 35 kV 母线或 T 接在线路上）。

⑧分布式电源汇集线路及升压配变（升压站）由开发企业投资建设；并网线路原则上优先由电网企业投资建设，在投产时序不匹配等情况下，可由开发企业投资建设。

⑨分布式电源储能配置应按《自治区发展改革委关于加快促进储能健康有序发展的通知》[宁发改能源（发展）〔2021〕411 号]相关要求，以分布式电源不出现长时间、大规模反送为原则，按 10%~20%、2 h 配置储能设施，全面提升系统调节能力。

⑩分布式电源应坚持安全发展，满足可观、可测、可控及逆变器具备可靠低电压穿越能力等要求，从源头杜绝“盲调”、“孤岛”问题。

⑪分布式电源并网应符合 GB/T 33593 等相关国家、行业技术标准的规定。

⑫微电网并网应符合 GB/T 33589 等相关国家、行业技术标准的规定。

⑬分布式电源接入点的选择应根据其电压等级及周边电网情况确定，具体见下表。

表11-4　分布式电源接入点选择推荐表

电压等级	接入点
35 kV	变电站、开关站 35 kV 母线
10 kV	变电站、开关站、配电室、箱变、环网箱（室）的 10 kV 母线；10 kV 线路（架空线路）
380/220 V	配电箱/线路；配电室、箱变或柱上变压器低压母线

11.2.2 接入设计

11.2.2.1 常规电源接入设计

常规电源的接入设计主要包括以下内容：

①收集常规电源相关的电力系统概况，包括系统装机规模及电源结构、负荷水平及负荷特性等；与常规电源接入电压等级相关的电网情况；省级或地区电网（必要时含近区电网）与周边电网的送、受电情况；电网主要运行指标，如发电利用小时数、调峰状况等。

②梳理设计常规电源概述，包括所在位置、本期建设规模、规划容量、年发电量、年利用小时、运行特性等。对于扩建电源，还应说明现有电源概况、扩建条件等。

③介绍相关地区电网发展规划的负荷预测结果和情况。概述相关地区电力资源的分布与特点、电源建设规划、电源结构及发展变化趋势等，列出规划研究期内规划电源的建设进度和机组退役计划。阐述和分析设计水平年和展望年（包括设计电源投产前）电网发展规划情况。

④分析常规电源在系统中的作用和地位。

⑤制定常规电源一次接入系统方案，包括接入系统原则、工程投产前电网概况、电力电量平衡、接入系统方案（接入点、接入电压等级等）、电气计算（潮流分析、短路电流计算、稳定计算、无功平衡计算）、电能质量分析（电压偏差、谐波等）等。

⑥对常规电源升压站、开关站电气主接线及有关电气设备参数提出要求。

⑦制订常规电源二次接入系统方案，包括系统继电保护与安全自动装置方案、调度自动化、电能计量装置及电能量远方终端配置方案等。

⑧制订常规电源系统通信方案。

⑨制订接入系统设计投资估算方案。列出系统一次部分、二次部分（含通信）设备清单和投资估算。

11.2.2.2 分布式电源接入设计

分布式电源接入设计主要包括以下内容：

①收集与分布式电源接入相关的电力系统概况，包括系统装机规模及电源结构、负荷水平及负荷特性等；电网概况，电网存在的问题等；电网主要运行指标，如综合电压合格率、线损率等。

②梳理分布式电源概况，包括所在位置、本期建设规模、规划容量、年发电量、年利用小时、运行特性等。

③掌握分布式电源相关的电网发展规划，包括负荷预测结果、分布式电源规划、电网发展规划。

④分析分布式电源在系统中的作用和地位。

⑤制订分布式电源一次接入系统方案，包括接入系统原则、接入系统方案（接入点、接入电压等级等）、电气计算（潮流分析、短路电流计算、无功平衡计算）、电能质量分析（电压偏差、谐波等）等。

⑥制订分布式电源二次接入系统方案，包括系统继电保护与安全自动装置方案、调度自动化、电能计量等。

⑦制订分布式电源系统通信方案。

⑧确定接入系统工程投资。

11.3 电动汽车充换电设施接入

11.3.1 充电设施接入原则

①电动汽车充换电设施接入电网时应进行论证，分析各种充电方式对配电网的影响，合理制定充电策略，实现电动汽车有序充电。

②电动汽车充换电设施的供电电压等级应符合 GB/T 36278—2018 的规定，根据充电设备及辅助设备总容量，综合考虑需用系数、同时系数等因素，经过技术经济比较论证后确定。

③电动汽车充换电设施的用户等级应符合 GB/T 29328—2018 的规定。具有

重大政治、经济、安全意义的电动汽车充换电设施，或中断供电将对公共交通造成较大影响或影响重要单位正常工作的充换电站可作为二级重要用户，其他可作为一般用户。

④220 V 供电的充电设备，宜接入低压公用配电箱；380 V 供电的充电设备，宜通过专用线路接入低压配电室。

⑤接入 10 kV 电网的电动汽车充换电设施，容量小于 4 000 kVA 宜接入公用电网 10 kV 线路或接入环网柜、电缆分支箱、开关站等，容量大于 4 000 kVA 宜专线接入。

⑥接入 35 kV、110 kV 电网的电动汽车充换电设施，可接入变电站、开关站的相应母线，或 T 接至公用电网线路。

11.3.2 电动汽车充电设施典型接入模式

（1）充电站接入 10 kV 线路

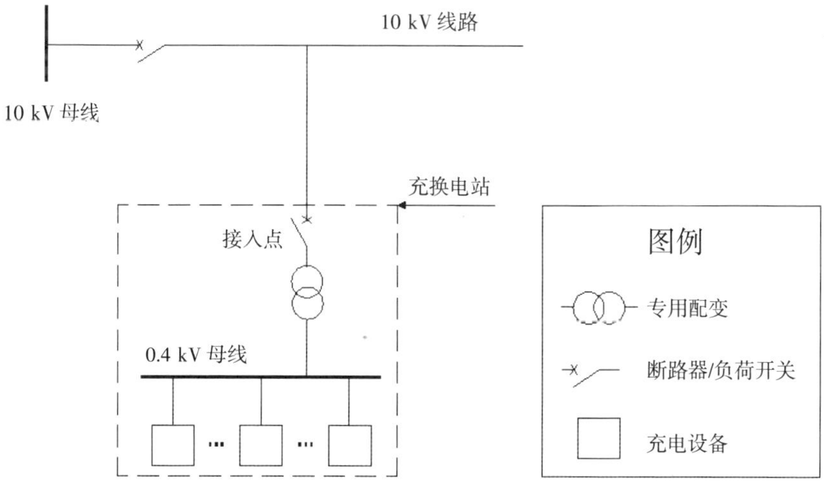

图 11-1　充电站接入 10 kV 线路示意图

(2)充电站接入 10 kV 环网柜/电缆分支箱

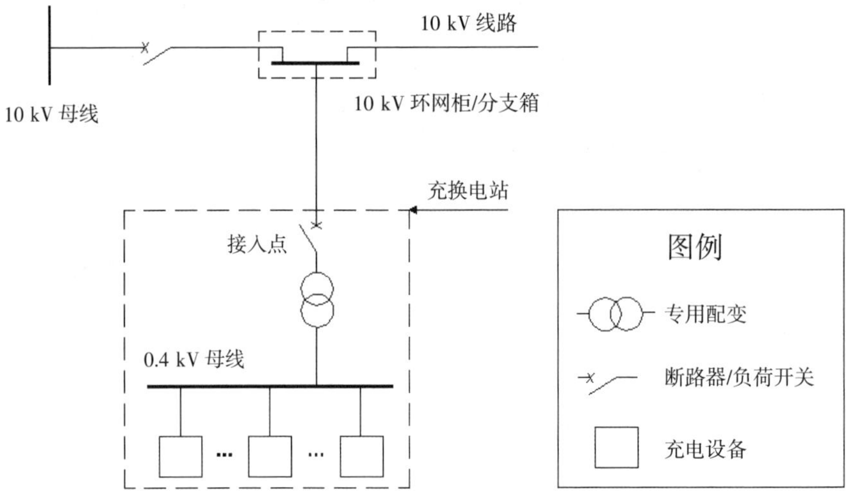

图 11-2　充电站接入 10 kV 环网柜/电缆分支箱示意图

(3)充电站接入 10 kV 专线

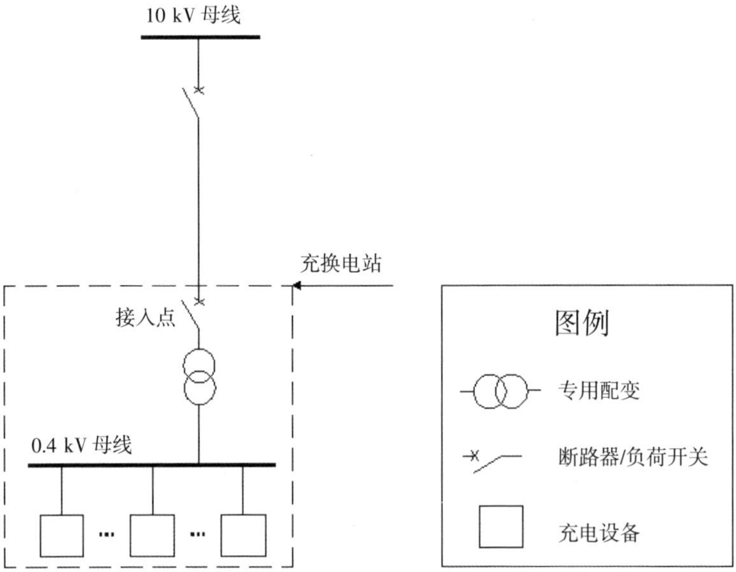

图 11-3　充电站接入 10 kV 专线示意图

(4)220 V/380 V 接入

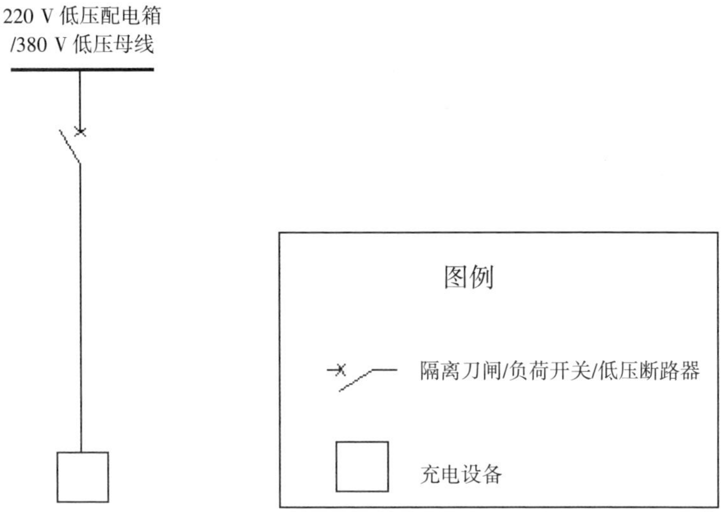

图 11-4 充电设备 220 V/380 V 接入示意图

11.4 电化学储能系统接入

①电化学储能系统接入配电网的电压等级应综合考虑储能系统额定功率、当地电网条件确定,可参考 GB/T 36547—2018 的相关规定。

②电化学储能系统中性点接地方式应与所接入电网的接地方式相一致;电化学储能系统接入配电网应进行短路容量校核,电能质量应满足相关标准要求。

③电化学储能系统并网点应安装易操作、可闭锁、具有明显断开指示的并网断开装置。

④电化学储能系统接入配电网时,功率控制、频率适应性、故障穿越等方面应符合 GB/T 36547—2018 的相关规定。

12 配电网规划计算分析

12.1 概述

配电网规划电气计算是根据电网的运行条件和网络结构确定系统的运行状态，其目的是检验变电站布局和网络接线方式的合理性，校验规划期末配电网供电能力与运行安全性能。配电网电气计算主要分为潮流计算、短路电流计算、供电安全性分析、供电可靠性计算、无功补偿计算 5 大类。

其中，潮流计算省级应做 220（330）kV 及以上电网潮流，地市级应做 110~35 kV 电网潮流。

短路电流计算、供电安全水平及无功补偿计算，省级、地市级和县级层面均应进行计算。

供电可靠性宜在地市级、县级层面做 10 kV 可靠性计算。重点城市中心区 10 kV 线路逐条进行可靠性计算分析，其他供电区域可结合实际情况选择典型区域并对区域内的 10 kV 线路逐条进行可靠性计算分析。

各类计算的内容和目的如下表所示。

表 12–1 配电网电气计算内容及目的

电气计算	计算内容	计算目的
潮流计算	在规划期末最大负荷条件下，计算各电压等级变压器、线路的有功功率、无功功率和电压运行值	检验变压器负载率、线路负载率、功率因数、母线电压值是否符合要求；检验电力潮流有否倒流或环流现象

续表

电气计算	计算内容	计算目的
供电安全计算	在规划期末最大负荷条件下，逐一计算丢失单个变压器或线路后，各电压等级变压器、线路的有功功率、无功功率和电压运行值	检验未丢失变压器、线路是否出现过负荷情况；检验母线电压值是否过低的情况
短路电流计算	在规划期末最大负荷条件下，计算110、35kV 变压器各级电压母线的三相短路电流值	检验短路电流（短路容量）是否在技术原则规定之内
供电可靠性计算	在规划期末最大负荷条件下，计算供电可靠率、户均停电时间等可靠性指标	分析目标网架的供电可靠性水平，检验规划方案是否达到预期目标
无功补偿计算	在规划期末最大负荷条件下，计算变电站、线路的无功情况	分析目标网架的无功水平，校验目标网架电压情况，验证规划方案是否达到预期目标

潮流计算是配电网电气计算的基础，各类分析计算之间的逻辑关系如下图：

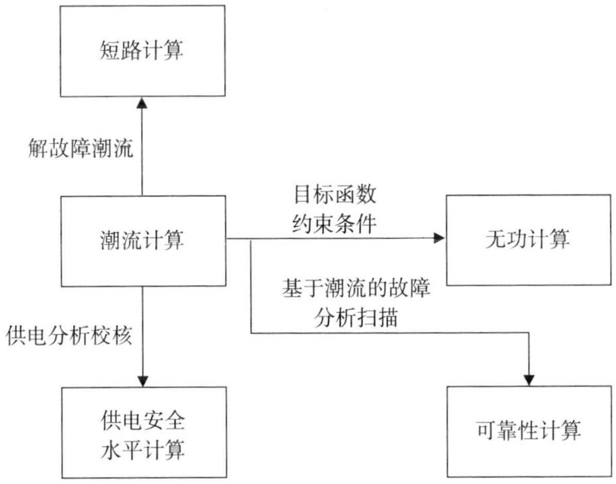

图 12-1　配电网计算分析关系示意图

12.2 计算原理及要求

12.2.1 潮流计算分析

配电网潮流计算是配电网规划计算分析的基础，也是“N-1”停运分析、线损分析、电压校核分析和配电网自动化分析的基础。由于配电网具有线路阻抗比较大、网络 PQ 节点较多、PV 节点较少等特点，高压输电网上行之有效的潮流算法不能完全适用于配电网潮流计算。配电网潮流计算方法包括前推回代法、回路阻抗法、改进牛顿法、改进快速解耦法、Zbus 法、Ybus 法等，以上方法由于简单有效、物理意义直观，被广泛应用于电力系统分析计算中，并出现了许多改进算法。此外，配电网潮流计算应考虑配电网的运行方式，按最大运行方式进行有关的计算分析。

（1）潮流计算模型

对于 n 节点电力系统，节点 i 的注入复功率 S_i 与节点注入电流及电网节点电压的关系如下：

$$S_i=P_i+jQ_i=U_i\hat{I}_i=U_i\sum_{j=1}^{j=n}\hat{Y}_{ij}\hat{U}_j \tag{12-1}$$

式中，$\hat{I}_i$、$\hat{U}_j$ 分别表示节点注入电流相量 $\hat{I}_i$ 和节点电压相量 $\hat{U}_j$ 的共轭复数，$\hat{Y}_{ij}$ 表示电力网络节点导纳矩阵元素 Y_{ij} 的共轭复数。

目前，潮流计算一般采用电力系统分析软件辅助计算，核心算法主要有牛顿法和前推回代法，涉及的电网元件一般包括母线、电源、负荷、线路、变压器、无功补偿等。配电网基本潮流算法包括了前推回代法、改进牛顿法、回路阻抗法和隐式 Zbus 高斯法等。

表 12-2　潮流计算方法

算法	基本原理	主要特点
前推回代法	辐射状配电网前推回代法潮流计算包含连续的 2 步迭代计算，称之为回代和前推。在回代过程中，计算各负荷节点的注入电流或功率流，从末梢节点开始，通过对支路电流或功率流的求和计算，获得各条支路始端的电流或功率流，同时可能修正节点电压；在前推过程中，利用已设定的源节点电压作为边界条件，计算各支路电压降落和末端电压，同时可能修正支路电流或功率流；如此，重复前推和回代 2 个步骤，直到收敛	辐射状配电网前推回代法潮流计算包含连续的 2 步迭代计算，称之为回代和前推。在回代过程中，计算各负荷节点的注入电流或功率流，从末梢节点开始，通过对支路电流或功率流的求和计算，获得各条支路始端的电流或功率流，同时可能修正节点电压；在前推过程中，利用已设定的源节点电压作为边界条件，计算各支路电压降落和末端电压，同时可能修正支路电流或功率流；如此，重复前推和回代 2 个步骤，直到收敛

续表

算法	基本原理	主要特点
改进牛顿法	传统的牛顿—拉夫逊法是将潮流方程 f(x)=0 用泰勒级数展开,并略去二阶及以上高阶项,然后求解。其实质是逐次线性化,求解过程的核心是反复形成并求解修正方程。在此基础上,改进牛顿法(Modified Newton Method)对配电系统做了2个假定:相邻节点的电压差很小;没有接地支路	改进牛顿法计算速度快,注入电流利用了一个恒定的稀疏雅可比矩阵,雅可比矩阵只形成一次,消除了传统牛顿法每次迭代都要重新形成雅可比矩阵的缺点
回路阻抗法	回路阻抗法是基于回路电流方程的潮流算法,直接利用基尔霍夫电压定律,所以又称为直接解法。设负荷节点数为 L,则阻抗矩阵 Z 是一个 L×L 维的不含零元素的方阵。采用 LU 分解法对回路电流方程式组进行求解,求出回路电流,从而得到各个负荷节点的负荷电流。然后可求出各条支路上的电压降,进而求得各节点的电压和负荷节点的功率,反复迭代直到求得的负荷节点功率与给定负荷的差值满足一定的精度要求为止	回路阻抗法处理环路非常简单,处理弱环网的能力较强。但是,回路阻抗法存在下述缺点,即编号方案比较麻烦,网络拓扑描述比较复杂。由于它只对负荷节点进行编号,无法计算确定中间节点的状态(电压幅值和相角),计算速度也有待提高
隐式 Zbus 高斯法	Zbus 高斯法使用稀疏的节点导纳矩阵 Ybus 和等效的电流注入来求解网络方程。Zbus 高斯法建立在叠加原理的基础上,每个节点的电压由两部分产生:指定电源的电压和等值的节点电流。负荷、分布式发电机、电容器等都被等值为电流源	Zbus 高斯法的收敛性,取决于网络中存在的电压节点个数。如果系统中只有松弛节点作为电压节点,那么 Zbus 高斯法的收敛速度可以与牛顿法相媲美;当网络中的电压节点增多时,收敛速度减慢

(2)潮流计算要求

根据潮流计算的基础数据要求和规划计算分析实际工作的需要提出了潮流计算的基本要求。

①基础负荷数据的要求:根据负荷预测结果进行网络负荷的配置,作为潮流计算的基础。

②潮流计算基本内容要求：潮流计算应是根据给定的运行条件和网路拓扑结构确定整个电网的运行状态，如各母线上的电压（幅值及相角）、网络中的功率分布以及功率损耗等。潮流计算结果作为短路电流计算、"N-1"停运计算、供电能力分析的数据基础。

③基本计算条件要求：应在最大运行方式下对规划水平年的配电网进行潮流计算。

④对各电压等级潮流计算分析的要求：应按典型方式对规划水平年的110~35 kV电网进行潮流计算。其上级220（330）kV电网可采用等值方法加以处理，应计算到各个节点。10 kV电网在结构发生变化或运行方式发生改变时应进行潮流计算，可按分区、变电站或线路计算到节点或等效节点。

12.2.2 短路电流计算

短路电流计算，需考虑上级电源和本地电源接入情况，分析变电站110、35、10 kV母线、电源接入点的短路电流水平，达到校验电气设备和载流导体的热稳定性和动稳定性、确定合理的主接线方案、运行方式、保护电气设备可靠运行的目的。

电力系统可能发生的短路包括三相短路、两相短路、两相接地短路和单相接地短路。三相短路也称对称短路，系统各相与正常运行时一样仍处于对称状态，其

表 12-3 配电网短路故障类型及其特点

故障类型	故障特点
单相接地短路	当配电网发生单相接地故障时，若为金属性接地，故障相的电压为零或接近于零，非故障相的电压上升为线电压或接近于线电压；若为非金属性接地，故障相的电压大于零但小于相电压，非故障相的电压大于相电压而小于线电压
两相接地短路	当配电网发生两相接地短路故障时，若为金属性接地，故障相的电压为零或接近于零，非故障相的电压上升，接近于线电压；若为非金属性接地，故障相的电压大于零但小于相电压，非故障相的电压大于相电压而小于线电压
两相短路	当配电网发生两相短路故障时，若为两相非金属性短接，短路处两故障相的电流大小相等，方向相反；若为两相金属性短接，则两故障相的电压也相等
三相短路	当配电网发生三相短路故障时，若为金属性接地，a、b、c三相的电压为零或接近于零；若为非金属性接地，a、b、c三相的电压大于零但小于相电压

他类型短路均为不对称短路。配电网短路故障可以分为单相接地短路、两相接地短路、两相短路和三相短路。统计发现,三相短路的可能性最小,但短路后果最为严重。

根据短路计算的基础数据要求和规划计算分析实际工作的需要提出了短路计算的基本要求:

①对于 110 kV 及以下电网系统,可设定上级系统有无限大的容量,用户处短路后,系统母线电压能维持不变,即计算阻抗比系统阻抗要大得多。具体规定为对于 35~10 kV 级电网中短路电流的计算,可认为 110 kV 及以上的系统的容量为无限大,只计算 35 kV 及以下网络元件的阻抗。

②计算短路电流时,只需考虑发电机、变压器、电抗器的电抗,而忽略其电阻;对于架空线和电缆,只有当其电阻大于电抗 1/3 时才需计入电阻,一般也只计电抗而忽略电阻。

③110~10 kV 电网短路电流计算, 应综合考虑上级电源和本地电源接入情况,以及中性点接地返方式,计算至变电站 10 kV 母线、电源接入点、中性点以及 10 kV 线路上的任意节点。

④应通过短路电流计算确定电网短路电流水平,为设备选型等提供支撑。

⑤在电网结构发生变化或运行方式发生改变的情况下, 应开展短路电流计算,并提出限制短路电流的措施。

12.2.3 供电安全分析

供电安全分析也称为"N-1"安全校验计算,目的是校核电网是否满足供电安全标准,即模拟低压线路故障、配电变压器故障、中压线路故障、110~35 kV 变压器或线路故障对电网的影响,校核负荷损失程度,检查负荷转移后相关元件是否过负荷,电网电压是否越限。当发现电力网络不能满足"N-1"要求时,应根据建设能力和用电需求,优化规划方案,解决薄弱环节。对于 110 kV 网架及其上一级网架,必要时需进行"N-1-1"校验,其含义是电力网络在缺少一个元件的条件下,又失去一个元件。

根据供电安全标准给出网络的供电安全水平，明确网络满足负荷需求的能力，通过计算分析各电压等级的规划网络是否满足本导则“供电安全准则”中的要求。

对于 110 kV 及以下电网在潮流计算的基础上，需要进行的供电安全分析工作如下：

①对于 110~35 kV 电网，应根据典型运行方式，模拟“N-1”停运带来的影响，逐个无故障断开线路、变压器等元件，检查负荷转移以后相关元件是否过负荷或电网低电压，用以检验规划电网的供电安全水平和电网支持能力。

②对于 10 kV 电网，应根据联络和分段情况，模拟“N-1”停运带来的影响，设定故障线路或故障段，校验负荷损失水平，检查其他元件是否仍能满足运行要求，用以检验规划电网的供电安全水平和负荷转移能力。

③对于 A+、A 类供电区域，应结合 110~10 kV 电网的运行条件，进行“N-1-1”停运计算分析。

12.2.4 供电可靠性计算

供电可靠性计算分析的目的是确定现状和规划期内配电网的可靠性指标，分析影响供电可靠性的薄弱环节，提出改善供电可靠性指标的规划方案。供电可靠性指标按照可给定的电网结构、典型运行方式以及可靠性相关计算参数等条件选取典型区域进行计算分析。计算指标包括平均停电时间、系统平均停电时间、系统平均停电频率、平均供电可考虑、用户平均停电缺供电量等。

规划目标网架的可靠性预测计算分析结果，主要取决目标网架的拓扑结构、电气元件的可靠性水平(故障率和修复时间)和负荷水平 3 个因素。可靠性预测计算可以分析整个系统的一系列可靠性指标，SAIFI、SAIDI、CAIDI、ASAI 和 EENS 等，还可以计算每个负荷点的可靠性指标，如停电频率、停电持续时间等。

按照本导则的规定，需要对规划网络的可靠性水平进行预测计算分析，分析各类供电区域的规划网络预测可靠性水平是否满足规划目标。因此，提出了配电网可靠性计算分析的要求：

①可靠性计算的目的是计算配电网规划方案或推荐方案的可靠性期望指标，或对现状配电网可靠性指标的改善程度。

②可靠性计算宜按给定的电网结构、典型运行方式及其元件的可靠性参数等条件进行计算。计算指标包括用户平均停电时间、用户平均故障停电时间、用户平均停电次数、供电可靠率、用户平均停电缺供电量等。

③应对现状配电网进行可靠性计算分析，找出可靠性期望值较低的区域(薄弱环节)。

④可靠性指标可按分区、分电源变电站等层级进行可靠性的相关指标计算，条件具备的可由相关计算分析软件计算。

12.2.5 无功补偿计算

无功补偿计算是潮流计算的延伸，是对潮流计算结果的分析和应用。无功补偿计算的输入和输出参数见潮流计算，补偿的方式包括集中补偿、分散补偿、就地补偿三种，各种补偿方式的定义、优缺点及适用场合见下表。

表 12-4 无功补偿方式及其优缺点

补偿方式	定义	优点	缺点	使用场合
集中补偿	将中、低压配电网所需的无功功率补偿容量全部集中于高压变电站一次或二次母线上，对无功功率进行统一补偿	可提高变压器的输出容量，增大供电能力，设备利用率高；可减少变电站母线、变压器和高压输电线路上的有功损耗	不能降低中、低压配电网的损耗；设备一次性投资较大，投切容量大，合闸冲击电流较大，对系统稳定运行有一定影响	负荷集中、离变电站较近、无功补偿容量大
分散补偿	将配电网所需的无功功率补偿容量按局部负载大小分配，在 10 kV 配电线路上或公共配电变压器低压侧安装电力电容器进行补偿	对于负荷较分散的用户，有利于实现内部无功功率分区控制、分区平衡，减小损耗和电压损失，体现“分散补偿，就地平衡”的原则，经济效益好；同时在负载不变的情况下，可增加网络的输出容量；且其补偿方式灵活	不能减少低压线路因传输无功功率而造成的损耗，补偿设备的利用效率较集中补偿方式低，安装分散，维护管理较不方便	负荷比较分散

续表

补偿方式	定义	优点	缺点	使用场合
就地补偿	将电容器直接安装于电动机等用电设备附近，与用电设备的供电回路相并联，对系统最末端的电动机等用电设备所消耗的无功功率进行就地补偿，以提高配电系统的功率因数	无功电流仅与附近的用电设备相互交换，在网络中引起的无功功率损耗和电压损耗较小，被补偿网络运行最经济；在配电设备不变的情况下，可增加网络的供电容量，导线截面相应较小;适应性强,既可三相补偿，对容量较大的电动机个别补偿，也可进行两相、单相补偿,并且单台补偿设备的容量较小，投切电流小	补偿相同容量无功负荷所需的电容器总容量和补偿装置总数量大量增加，投资大，补偿装置利用率较低	宾馆、大楼等用户的无功功率补偿

①无功规划计算应确定电网的无功配置方案(方式、位置和容量),以保证电压质量,降低网损。

②无功配置方案的优化分析,可结合节点电压允许偏差范围、节点功率因数要求、设备参数(变压器、无功设备与线路等)以及不同运行方式进行优化分析,无功总量需求应按照大负荷方式计算无功总容量需求,按照小负荷方式计算无功补偿装置的分组容量,以达到无功设备投资最小或网损最小的目标。

13 技术经济分析

13.1 概述

技术经济评价是在评估周期内对规划方案进行规划成效分析及财务评价，其目的是评估规划方案在技术、经济上的可行性及合理性，为投资决策提供依据。

配电网工程项目的技术经济评价包括单项工程的技术经济评价和规划方案的技术经济评价，单项工程的经济评价方面与工程项目的技术经济评价原理及方法相同，本手册不再详细介绍。而根据配电网的特点，对于配电网规划方案的技术经济评价应分为规划成效分析及财务评价 2 个阶段。规划成效分析是在给定投资额度的条件下确定规划方案的主要成效指标，财务评价是分析给定的投资额度对电网企业经营状况的影响，以分析拟定的技术方案的经济可行性。

对于规划成效分析，配电网规划属于多目标规划，在给定投资额度的条件下选择的最优方案是供电能力、供电质量、供电可靠性、运行维护费用等多因素的平衡，规划方案的规划成效分析是按照电网企业的要求建立指标体系，在一定的投资额度下，对规划方案的指标进行综合分析，以确定最终的技术方案，无论指标体系设计的多么科学，规划方案的确定都离不开配电网规划人员的经验。规划人员应根据电网企业的战略、配电网现状及发展情况、客户需求等多方面因素综合确定电网规划方案成效指标，尤其是保证供电能力提升与供电质量、供电可靠性提高之间的平衡。

对于财务评价，配电网建设与改造力度大，投资高，而电网公司作为企业在保证安全供电的同时还应兼顾经济效益，所以必须对电网建设与改造工程投资效益进行认真分析，根据企业的经营、财务状况及可承受能力来评估项目的可行性。同时，配电网规划方案既包括新建工程，又包括扩建与改造工程，在费用和效益识别的过程中，要充分考虑配电网工程整体规划的特点。

对于部分区县及地市级电网企业并不是真正的独立企业，根据目前企业单独进行财务核算的情况，可按照相关数据假设为独立企业进行经济评价。

13.1.1 一般要求

①技术经济分析应对规划项目各备选方案进行技术比较、经济分析和效果评价，评估规划项目在技术、经济上的可行性及合理性，为投资决策提供依据。

②技术经济分析应确定供电可靠性和全寿命周期内投资费用的最佳组合，可根据实际情况选用以下 2 种评估方式：

A. 在给定投资额度的条件下选择规划目标最优的方案。

B. 在给定规划目标的条件下选择投资最小的方案。

③技术经济分析的评估方法主要包括最小费用评估法、收益/成本评估法以及收益增量/成本增量评估法。最小费用评估法宜用于确定各个规划项目的投资规模及相应的分配方案。收益/成本评估法宜用于新建项目的评估，可通过相应比值评估各备选项目。收益增量/成本增量评估法可用于新建或改造项目的评估。

④技术经济分析评估指标主要包括供电能力、供电质量、效率效益、智能化水平、全寿命周期成本等。

⑤在技术经济分析的基础上，还应进行财务评价。财务评价应根据企业当前的经营状况以及折旧率、贷款利息等计算参数的合理假定，采用内部收益率法、净现值法、年费用法、投资回收期法等，分析配 电网规划期内的经济效益。

⑥财务评价指标主要包括资产负债率、内部收益率、投资回收期等。

13.1.2 技术经济分析的作用

配电网规划设计方案应满足技术可靠、经济合理的要求，所以有必要对规划设计方案进行技术经济分析，通过对比备选方案的主要技术经济指标，确定最优方案，并分析方案投资对实施主体的影响，确定方案的经济可行性，为投资决策提供依据。开展技术经济分析时，应注意以下情况：

①配电网建设改造量大，除满足新增负荷的工程外，还有很多为配合市政建设而进行的迁改工程，以及承担普遍服务的边远贫困地区农网工程，此类工程增供电量较小，经济效益较差，决策时应兼顾各方面综合效益，不能仅考虑经济效益。

②经济评价时，应以企业为整体作为分析对象，通过计算评价期间规划方案实施前后公司收益变化，可以分析配电网工程对公司经营状况的影响；通过计算负载率等指标变化，可以分析公司对配电网工程的承受能力。

③在对不同指标进行敏感性分析时，应充分考虑电网企业的特殊性，分析可靠性与经济性之间的相互关系。

13.1.3 技术经济分析的内容

结合配电网规划设计工作开展实际情况，规划设计方案技术经济分析一般包括方案比选、财务评价及不确定分析。

①方案比选，主要内容为根据配电网发展需要，拟定规划设计备选方案，根据确定的供电可靠性目标和全寿命周期内投资费用的最佳组合的原则，对主要技术经济指标进行对比分析、综合比较，确定最优方案。配电网规划属于多目标规划，在给定投资额度的条件下，从供电能力、供电质量、供电可靠性、运行维护费用等多方面因素综合分析，选择最优方案。

②财务评价。一般包括单项工程的财务评价和规划设计方案的财务评价，单项工程的财务评价与工程项目的财务评价原理及方法相同。配电网规划设计方案投资高，而供电企业作为企业在保证安全供电的同时还应兼顾经济效益，有必要对配电网规划设计方案投资效益进行认真分析，根据企业的经营、财务状况及可承受能力来评估规划项目的可行性。

③不确定性分析。一般包括盈亏平衡分析、灵敏度分析及概率分析，盈亏平衡分析是对于某一参数或原始数据无法完全确定时，可以分析该参数的取值范围，

以确定该参数在不同范围内时方案的经济可行性；灵敏度分析也称敏感性分析，是分析各相关因素变化时，影响方案评估结果的程度，以确定不同因素对方案经济性的灵敏度。

13.2 方案比选

13.2.1 方案比选流程

方案比选是在各拟定备选方案实施后，分析配电网现状存在问题的解决程度以及配电网预期达到的各项技术经济指标，综合比较各方案，确定最佳方案的过程。

为了在多个配电网规划设计备选方案中选定一个最优方案，在一定的投资额度基础上，需对各方案规划实施后的评价指标进行对比分析，进行相应的定量计算，确定最符合配电网发展要求的规划设计方案。主要工作流程见下图。

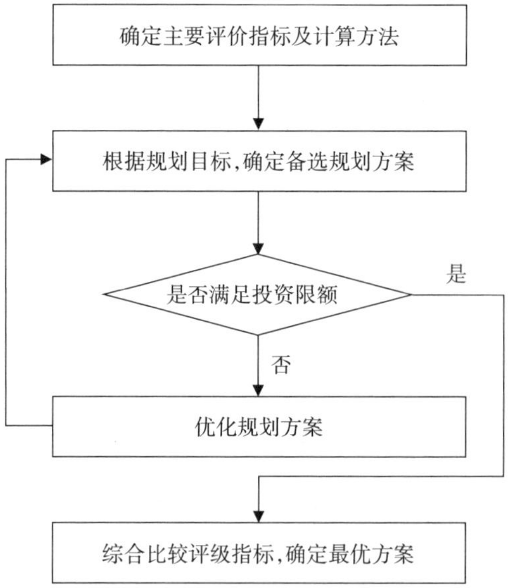

图 13-1 配电网规划方案流程图

13.2.2 主要评价指标

配电网规划设计方案的技术经济评价一般包括配电网供电质量、电网结构、装备水平、供电能力、智能化水平、电网效率、电网效益 7 个方面。

(1)供电质量

供电质量评价主要由供电可靠性和电压质量2部分内容构成,其具体评价指标如下表所示。

表13-1 配电网供电质量评价指标

一级指标	二级指标	三级指标
供电质量	供电可靠性	用户年平均停电时间(可靠率)
		用户年平均停电次数
		故障停电时间占比
	电压质量	综合电压合格率
		“低电压”用户数占比

当采用用户平均停电时间(可靠率)指标对配电网运行情况进行评价时,规划设计阶段主要利用概率统计的数学方法进行预测。根据规划设计方案中提升转供能力、降低故障率以及配电自动化实施后减少停电时间等因素,对用户年平均停电时间(可靠率)进行预测。

(2)电网结构

电网结构评价主要由高压配电网结构和中压配电网结构2部分内容构成,其具体评价指标见下表。

表13-2 配电网电网结构评价指标

一级指标	二级指标	三级指标
电网结构	高压配电网结构	单线或单变站占比
		标准化结构占比
		“N-1”通过率
	中压配电网结构	中压配电线路平均供电半径
		中压架空配电线路平均分段数
		中压配电网标准化结构占比
		中压配电线路联络率
		中压配电线路站间联络率
		中压配电线路“N-1”通过率

高压配电网按电压等级110、35 kV分别计算。其中"N-1"通过率还需按照主变压器、线路分别计算。标准化结构占比用于反映规划方案采用的电网结构与该电网企业推荐标准的符合程度，侧重反映企业对配电网标准化的管理水平。

(3)装备水平

装备水平评价主要由高压配电网设备标准化水平、高压配电网设备年限、中压配电网设备标准化水平、中压配电网设备年限和中压配电网设备概况5部分内容构成，其具体评价指标如下表所示。

表13-3　配电网装备水平评价指标

一级指标	二级指标	三级指标
装备水平	高压配电网设备标准化水平	线路标准化率
		主变压器标准化率
	高压配电网设备年限	在运行设备平均投运年限
	中压配电网设备标准化水平	中压线路标准化率
		中压配电变压器标准化率
	中压配电网设备年限	中压在运设备平均投运年限
	中压配电网设备概况	中压线路电缆化率
		中压架空线路绝缘化率
		高损配电变压器占比
		非晶合金配电变压器占比

其中，高压配电网设备年限按电压等级110 kV和35 kV分别计算。某一电压等级"在运设备平均投运年限"计算公式如下：

$$在运设备平均投运年=\sum(当年每类在运设备的平均投运年限\times所占的权重) \tag{13-1}$$

式中，设备的平均投运年限按照0~5年、6~10年、11~20年、21~30年、30年以上5个区间段进行统计归类；对于高压配电网，各类设备的权重可按照主变压器权重为0.4、线路为0.3、断路器为0.2、GIS内部断路器为0.1计算；对于中压配电网，各类设备的权重按照中压线路权重为0.4、配电变压器为0.3、环网单元为

0.1、箱式变电站为 0.1、柱上变压器为 0.05、电缆分支箱为 0.05 计算。

“当年每类在运行设备的平均投运年限”的计算方法如下：

$$当年每类在运行设备的平均投运年限=\frac{\sum 当年该类在运行设备的平均投运年限}{设备总数}\times 100\% \tag{13-2}$$

（4）供电能力

供电能力评价主要由高压配电网供电能力和中压配电网供电能力 2 部分内容构成，其具体评价指标如下表所示。

表 13-4　配电网供电能力评价指标

一级指标	二级指标	三级指标
供电能力	高压配电网供电能力	高压变电容载比
		变电站可扩建主变压器容量占比
		变电站负载不均衡度
		高压线路最大负载率平均值
		高压线路负载不均衡度
		高压重载线路占比
		高压重载主变压器占比
		高压轻载线路占比
		高压轻载主变压器占比
	中压配电网供电能力	中压线路出线间隔利用率
		中压线路最大负载率平均值
		中压线路负载不均衡度
		中压重载线路占比
		中压轻载线路占比
		中压配电变压器最大负载率平均值
		中压配电变压器负载不均衡度
		中压重载配电变压器占比
		中压轻载配电变压器占比
		户均配电变压器容量

上表中，负载不均衡度用于反映某一电压等级某类元件的负载均衡情况，计算公式如下：

$$B_s=\frac{\sqrt{\frac{\sum_{i=1}^{N}(L_{s-i}\overline{L}_s)}{\overline{L}_s}}}{\overline{L}_s} \tag{13-3}$$

式中，B_s 为某一电压等级某类元件负载不均衡度；L_{s-i} 为该电压等级某类元件单一元件负载率；$\bar{L}_s$ 为该电压等级某类元件负载率平均值；N 为该电压等级某类元件数量。

(5)智能化水平

智能化水平评价主要由变电站智能化水平、配电自动化水平、用户互动化水平和环境友好水平四部分内容构成，其具体评价指标见下表。

表 13–5　配电网智能化水平评价指标

一级指标	二级指标	三级指标
智能化水平	变电站智能化水平	110 kV 智能化变电站占比
		35 kV 变电站光纤覆盖率
	配电自动化水平	配电自动化有效覆盖率
		采用光纤通信方式的配电站点占比
	用户互动化水平	配电变压器信息采集率
		智能电表覆盖率
		可控负荷容量占比
	环境友好水平	分布式电源渗透率
		电动汽车充换电设施密度

配电网智能化水平主要表现为对新技术、新设备、多元化用户的覆盖应用情况，包括 110 kV 智能变电站、配电变压器信息采集、智能电表、负控装置、分布式电源、充电换电设施等。

(6)电网效率

电网效率评价主要由高压配电网设备利用率、中压配电网设备利用率和电能损耗3部分内容构成,其具体评价指标如下表所示。

表 13-6 配电网电网效率评价指标

一级指标	二级指标	三级指标
电网效率	高压配电网设备利用率	高压线路负载率平均值
		高压主变压器负载率平均值
	中压配电网设备利用率	中压线路负载率平均值
		中压配电变压器负载率平均值
	电能损耗	110 kV 及以下综合线损率
		10 kV 以下综合线损率

上表中的电能损耗对应的是电网企业的综合线损率，综合线损率分为统计线损率和理论线损率。对于规划方案,由于线损电量无法直接测量,一般是根据理论线损计算方法预测目标电网的线损水平,针对性地制定降低配电网电能损耗的措施。

(7)电网效益

电网效益评价主要由投资占比和投资效益2部分内容构成,其具体评价指标如下表所示。

表 13-7 配电网电网效益评价指标

一级指标	二级指标	三级指标
电网效益	投资占比	配电网投资占比
	投资效益	单位投资增供负荷
		单位投资增供电量

配电网的投资占比应按照配电网投资占电网企业各电压等级投资的比重计算,通过该指标能够反映资金分配情况,保持输电网和配电网的均衡发展。计算公式如下:

$$配电网投资占比=\frac{110\ kV 及以下配电网总投资}{750\ kV 及以下电网总投资}\times100\% \quad (13-4)$$

单位投资增供负荷用于反映规划期内配电网投资提升电网供电能力的效益水平，以规划期内出现的最大负荷作为电网的最大供电负荷。单位投资增售电量用于反映规划期内配电网投资提升企业供电收益的情况，以规划期内每年增供电量的算术和作为企业的增供电量。计算公式如下：

$$单位投资增供负荷=\frac{期内出现年供电最大负荷-期初年供电最大负荷}{规划期内电网投资} \quad (13-5)$$

$$单位投资增供负量=\frac{\sum_{i=1}^{N}(第\ i\ 年供电量-基准年供电量)}{规划期内电网投资} \quad (13-6)$$

式中，电网投资应为公用网投资；当 i=1 时，第一年供电量表示规划期内第一年的供电量。

13.2.3 方案比选方法

建设与运行成本指标。主要评价内容是对规划设计方案实施可能带来总投资及运行成本降低效果的分析，主要包括单位投资指标和方案实施后运行维护费用水平的预测，原始数据具备时，可计算规划设计方案的全寿命周期成本。

（1）投资指标

配电网的投资一般采用单位生产能力投资概略指标法来进行估算，包括线路和变电两个基本指标，计算公式如下：

$$I_{line}=\frac{IN_{line}}{L_{line}} \quad (13-7)$$

$$I_{tran}=\frac{IN_{tran}}{S_{tran}} \quad (13-8)$$

式中，I_{line} 为单位线路投资指标，万元/km；IN_{line} 为线路总投资，万元；L_{line} 为线路总长度，km；I_{tran} 为单位变电投资指标，万元/kVA；IN_{tran} 为变电总投资，万元；S_{tran} 为变电站总容量，kVA。

根据方案计算出的单位投资指标，可以和工程概预算定额或大量已实施工程项目投资统计资料进行比对，以分析方案的经济性。

(2)运行费用指标

配电网的运行费用主要包括电能损耗费、维护修理费、大修理费。

①电能损耗费等于配电网电能损耗乘以计算单价。

②维护修理费包括工作人员工资、管理费和小修费,该项一般以投资的百分数来表示。

③大修理费指用于恢复设备原有基本功能而对其进行大修理所支付的费用,该项一般也可以投资的百分数来表示。

评价时,规划设计人员根据已有工程实施对运行费用降低的历史经验,对规划设计方案实施后的运行费用进行预测。

(3)全寿命周期成本

全寿命周期成本(Life Cycle cost,LCC)是指全面考虑评价对象在规划、设计、施工、运营维护和残值回收的整个寿命周期全过程的费用总和,其目的就是在多个可替代方案中,选定一个全寿命周期内成本最小的方案。传统的配电网规划项目仅注重工程的建设过程,重点控制项目建设阶段的造价,而弱化了项目未来的运行维护成本、可靠性及报废成本等,不能实现综合比较。

全寿命周期成本,包括投资成本、运行成本、检修维护成本、故障成本、退役处置成本等。总费用现值计算模型如下:

$$LCC=\left[\sum_{n=0}^{N}\frac{CI(n)+CO(n)+CM(n)+CF(n)}{(1+i)^{n}}\right]+\frac{CD(n)}{(1+i)^{n}} \qquad (13-9)$$

式中,LCC 为总费用现值,万元;N 为评估年限,与设备寿命周期相对应;i 为贴现率;$CI(n)$为第 n 年的投资成本,主要包括设备的购置费、安装调试费和其他费用,万元;$CO(n)$为第 n 年的运行成本,主要包括设备能耗费、日常巡视检查费用和环保等费用,万元;$CM(n)$为第 n 年的检修维护成本,主要包括周期性解体检修费用、周期性检修维护费用,万元;$CF(n)$为第 n 年的故障损失成本,包括故障检修费用与故障损失成本,万元;$CD(n)$为第 N 年(期末)的退役处置成本,包括设备退役时处置的工人、设备费用以及运输费和设备退役处理时间的环保费,并应减去设备退役时的残值，万元。

其中，故障损失成本的计算模型如下：

$$C_F=C_{F\text{-}per}W_F \tag{13-10}$$

式中，C_F 为故障损失成本，万元；$C_{F\text{-}per}$ 为单位电量停电损失成本，万元/kWh；W_F 为缺供电量，kWh。

其中，单位电量停电损失成本包括售电损失费、设备性能及寿命损失费以及间接损失费，可根据历史数据统计得出，将其固定下来，作为今后预测时的依据。

13.3 规划成效分析

13.3.1 规划成效分析流程及主要内容

规划成效分析工作是分析规划实施后，配电网现状存在问题的解决程度以及各级配电网的供电能力和预期达到的各项技术经济指标。为了在多个配电网规划项目各备选方案中选定其中某一个最优方案，在一定的投资额度基础上必须在对各方案进行规划成效分析，进行其相应的定量计算，给出技术方面评价，综合比较差异，确定最符合电网企业要求的规划方案。主要工作流程见下图。

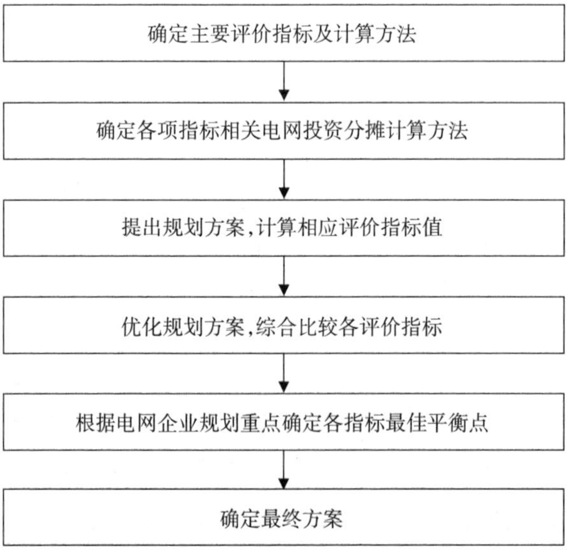

图 13-2　配电网规划成效分析流程

配电网技术评价一般包括配电网供电能力和运行水平的评价，其中供电能力评价主要由负载能力和转供能力2部分内容构成，而对配电网运行水平的评价主要包括供电可靠率、综合电压合格率和线损率等指标的评价。

配电网运行水平受多方面因素影响，在规划阶段的成效分析，只是侧重于规划方案中网络结构完善、设备水平提升及配网信息化进度等方面对未来电网运行水平提升的程度分析。

规划成效主要评价内容是对规划方案投资效果及可能带来的运行成本的降低，主要包括单位投资指标与预计运行费用指标。

13.3.2 配电网供电能力评价指标

配电网供电能力评价主要由负载能力和转供能力2部分内容构成。其中：

①评价配电网负载能力的指标主要有容载比、线路重载比例、配变重载比例等。

容载比是反映地区负荷与变电容量合理性的重要指标。计算容载比时，同一供电区域容载比应按电压等级分层计算，该电压等级发电厂的升压变压器容量、区域间联络变容量、用户专变容量以及直供负荷容量不应计入。

在评价过程中，根据规划区域的经济增长和社会发展的不同阶段，对应的配电网负荷增长速度不同，相应电压等级配电网的容载比指导值应区别设置：对处于发展初期、快速发展期的地区、重点开发区或负荷较为分散的偏远地区，可适当提高容载比的取值；对于网络发展完善或规划期内负荷明确的地区，在满足用电需求和可靠性要求的前提下，可以适当降低容载比的取值。

②评价配电网转供能力的指标分为高压配电网和中压配电网，高压配电网指标有设备“N-1”通过率，中压配电网指标有中压配电线路互联率、10 kV线路“N-1”通过率等。

A. 设备（主变、线路）“N-1”通过率，用来检验110、35 kV电网结构的强度和运行方式的合理性，计算该指标时，需合理考虑本级电网和下级电网的转供能力。

B. 中压配电线路互联率，反映10 kV电网结构的可靠性，满足互联结构的线路占比越高，说明在故障状态下转供负荷的能力越强，供电可靠性越高。

C. 10 kV 线路“N-1”通过率，反映 10 kV 电网结构的强度和运行方式的合理性。

13.3.3 配电网运行分析评价指标

在规划阶段的成效分析过程中，重点评价规划方案实施后，预期提高的供电可靠性水平以及线损率降低情况。

(1)供电可靠率

供电可靠率是供电可靠性的量度。供电可靠性描述了电网对用户连续供电的能力，与电网的装备水平、运行水平以及网络规划密切相关。

在对配电网运行情况进行评价时，一般使用 RS-1 指标，规划阶段主要利用概率统计的数学方法进行预测，根据规划方案中网络结构完善提升转供能力、设备水平提升、降低故障率以及配电自动化实施后减少停电时间等因素，对 RS-1 指标进行预测。

(2)综合线损率

根据研究分析需要，线损率可分为统计线损率和理论线损率。由于线损电量无法直接测量，统计线损率一般是通过将供电量与售电量的差值与供电量之比得到。理论线损率，又称技术线损率，是根据供电设备的参数和电力网选定典型日的运行方式及潮流分布情况，经理论计算得出的线损电量与供电量之比。

规划评价阶段主要是根据规划方案实施设想，对目标电网综合线损情况进行预测。

13.3.4 建设与运行成本评价指标

建设与运行成本评价指标包括单位投资指标和方案实施后运行维护费用水平的预测。

(1)投资指标

配电网的投资一般采用单位生产能力投资概略指标法来进行估算，包括线路和变电 2 个基本指标，其中：

$$单位线路投资指标=\frac{线路总投资}{线路总长度}(万元/公里) \quad (13-11)$$

$$单位变电投资指标=\frac{变电总投资}{变电总容量}(万元/千伏安) \quad (13-12)$$

根据方案计算出的单位投资指标,可以和工程概预算定额或大量已实施工程项目的投资统计资料进行对比,以分析方案的经济性。

(2)运行费用指标

配电网的运行费主要包括下列各项。

电能损耗费:等于配电网电能损耗乘以计算单价。

维护修理费:包括工作人员工资、管理费和小修费,该项一般以投资的百分数表示。

大修理费:指用于恢复设备原有基本功能而对其进行大修理所支付的费用,该项一般也以投资的百分数表示。

评价时,规划人员应根据已有工程实施对运行费用降低的历史经验,对规划方案实施的运行费用进行预测。

13.4 财务分析

13.4.1 财务评价基本概念

财务评价是从企业角度,根据现行的财税制度和现行价格,对企业当前的经营状况以及折旧率、贷款利息等计算参数的合理假定,分析企业的获利能力和清偿能力,以判断规划方案在财务上的可行性。

(1)净现值

净现值是用折现率将项目计算期内各年的净效益折算到工程建设初期的现值之和。计算公式如下:

$$FNPV=\sum_{t=1}^{n}(C_I-C_O)_t(1+i_C)^{-t} \quad (13-13)$$

式中,$FNPV$ 为净现值,万元;C_I 为现金流入量,万元;C_O 为现金流出量,万元;

$(C_I-C_O)_t$ 为第 t 年的净现金流量，万元；i_C 为基准收益率；n 为计算年限。

使用净现值评价时，要求方案预测的净现值为正。

(2)内部收益率

内部收益率是指项目在整个计算期内净现值等于零时的折现率。它的经济含义是在项目终了时，保证所有投资被完全收回的折现率。代表了项目占用资金预期可获得的收益率，可以用来衡量投资的回报水平。计算公式如下：

$$\sum_{t=1}^{n}(C_I-C_O)_t(1+i_C)^{-t}=0 \tag{13-14}$$

式中，i 为内部收益率。内部收益率采用试差法求得。

使用内部收益率评价时，要求方案的内部收益率均应大于行业投资基准收益率或投资方预期的收益率。

(3)投资回收期

投资回收期是指项目以净收益抵偿全部投资所需的时间，是反映投资回收能力的重要指标。动态投资回收期以年表示，计算公式如下：

动态投资收回期=(累计折现值开始出现正值的年数-1)

+上年累计折现值的绝对值/当年净现金流量的折现值

(13-15)

在项目财务评价中，动态投资回收期愈小说明项目投资回收的能力越强，评价时，投资回收期应低于基准回收期或投资预期的回收期。

(4)资产负债率

资产负债率指各期末负债总额与资产总额的比率，是反映项目各年所面临的财务风险程度及综合偿债能力的指标。计算公式如下：

$$LOAR=\frac{TL}{TA}\times 100\% \tag{13-16}$$

式中，TL 为期末负债总额，万元；TA 为期末资产总额，万元。

(5)不确定性分析

不确定性分析方法是考虑原始数据的不确定性及不准确性的经济分析方法。

电力工程项目中，这种不确定性来自电力负荷的预测误差、一次能源和电工技术设备价格的变化等。主要包括以下 2 项主要内容：

①盈亏平衡分析。当对于某一参数或原始数据完全无法确定时，可以分析该参数的取值范围，以确定该参数在什么范围内时方案是经济可取的，在什么范围内时方案是不经济的。

②灵敏度分析。当已知某参数的一些可能的取值，但不知道这些数值出现的概率时，可以分析参数不同取值对方案经济性的灵敏度。

13.4.2 配电网规划财务评价特点

(1)以企业为评价对象

配电网规划设计方案评价通常评价规划设计方案的总规模，不以单个项目为评价对象，一般配电网建设投资规模在基层供电企业投资中占较大比例，对基层供电企业经营及财务状况影响很大。同时，规划设计方案既包括新建工程，又包括扩建与改造工程等，其效益的发挥，除考虑规划的增量资产，还考虑与其相关的存量资产，所以评价时不应只限于工程本身，而应在评价期间(经营期)内把企业整体作为一个评价对象来考虑。

(2)效益识别困难

配电网规划方案具有以下特点：

①既包括新建工程，又包括扩建与改造工程等。

②配电网规划项目不仅提高了供电能力，增加了供电量，具有直接经济效益，而且使危旧设备得到更新改造，降低了网络损耗，提高了供电可靠性和供电质量，作为公共事业型企业的普遍服务投资行为，具有多方面间接经济效益和社会效益。

③由于大量的改、扩建项目中利用原有资产取得了存量效益，配网工程的电量增长不能简单地按新增的供电能力计算。

因此，配电网规划财务评价与单独的新建工程评价是有区别的，在进行财务评价时，不但要考虑新建工程及改造工程(增量)本身，还必须考虑已运行工程(存量)及总体效益,评价时不应只限于规划方案本身而应有所扩展。

13.4.3 财务评价流程

①计算数据收集。主要包括企业固定资产账面值、债务、财务费用、成本费用、售电收入等。

②相关参数确定。各种费率等可以参照基准水平年国家有关规定,在实际应用中相关人员需确定的主要是固定资产折旧率、贷款偿还方式,应结合实际情况确定基层供电企业固定资产综合折旧率,根据贷款的余额和还款协议,计算出经营期内逐年实际还款额,新增项目可按工程投资确定借款额,根据还款方式确定逐年还款额并与企业原有实际还款额相加计算出逐年还款额。

③费用与效益识别。确定规划投资、电价及增供电量等。

④评价指标计算。计算评价对象经营期收益率、净现值等财务评价指标。

⑤分析评价。参考国家、行业相关规定,以及企业发展需求,设定评价参数,对比分析,综合评价规划设计方案的经济可行性及企业账务承受能力。

参考文献

[1] 舒印彪. 配电网规划设计[M]. 北京:中国电力出版社,2018.

[2] 电力工业部电力规划设计总院. 电力系统设计手册[M]. 北京:中国电力出版社,1998.

[3] 中国航空规划设计研究总院有限公司. 工业与民用供配电设计手册（第四版)[M]. 北京:中国电力出版社,2016.

[4] 中华人民共和国发展和改革委员会，中华人民共和国住房和城乡建设部发布. 建设项目经济评价方法与参数（第三版)[M]. 北京：中国计划出版社，2006.

[5] 国网北京经济技术研究院. 电网规划设计手册[M]. 北京:中国电力出版社，2016.

[6] 朴在林,孟晓芳. 配电网规划[M]. 北京:中国电力出版社,2015.

[7] 刘军. 配电网规划计算与分析[M]. 北京:中国电力出版社,2018.

[8] 陈德鹏,刘松,韩坚. 网格化配电网规划实战手册[M]. 江苏:江苏大学出版社,2018.